南黄海辐射沙脊群海洋精细化
预报技术研究与应用

盛建明　韩　雪　潘锡山　等　编著

科学出版社
北　京

内 容 简 介

本书是国家科技支撑计划专项"南黄海辐射沙脊群海洋精细化预报技术研究与应用示范"技术团队多年研究成果的归纳总结,系统介绍了南黄海辐射沙脊群海洋环境的精细化预报技术及其在海洋防灾减灾中的应用。本书包含南黄海海洋动力灾害的基本信息特征、该领域的防御技术现状和发展趋势、风暴潮-海浪灾害及其耦合预报技术和应用等内容,并介绍了南黄海辐射沙脊群海域防灾减灾技术的应用实例和示范平台等。

本书可供物理海洋学、海洋防灾减灾等相关学科的研究人员、科技人员、管理人员,以及涉海企事业机构中的技术人员和相关专业的师生参考。

审图号:GS 京(2023)1173 号

图书在版编目(CIP)数据

南黄海辐射沙脊群海洋精细化预报技术研究与应用/盛建明等编著. —北京:科学出版社,2023.6
ISBN 978-7-03-074259-9

Ⅰ. ①南… Ⅱ. ①盛… Ⅲ. ①南黄海–辐射沙洲–海域–风暴潮–预警系统–研究 Ⅳ. ①P731.23

中国版本图书馆 CIP 数据核字(2022)第 236200 号

责任编辑:朱 瑾 习慧丽 / 责任校对:严 娜
责任印制:吴兆东 / 封面设计:无极书装

科 学 出 版 社 出版
北京东黄城根北街 16 号
邮政编码:100717
http://www.sciencep.com
北京中科印刷有限公司 印刷
科学出版社发行 各地新华书店经销

*

2023 年 6 月第 一 版 开本:B5(720×1000)
2023 年 6 月第一次印刷 印张:11
字数:222 000
定价:198.00 元
(如有印装质量问题,我社负责调换)

前　言

江苏作为海洋资源大省，拥有长达 888.945km 的海岸线，其下辖海域面积达到 3.75 万 km^2（2006～2011 年江苏近海海洋综合调查与评价成果）。江苏沿海地区北接山东、东濒黄海、南至长江口北岸，其经纬度范围为 30°45′～35°8′N、116°21′～121°56′E。江苏地处暖温带与北亚热带的过渡地带，具有十分独特的地形地貌、海洋水文和气候特征。同时，江苏沿海地区及其邻近海域是海洋经济的重要发展区域和遭受海洋动力灾害最剧烈的区域之一。根据江苏省的海洋经济统计公报和海洋灾害公报，2020 年江苏省海洋生产总值为 7828 亿元，占全国海洋生产总值的 9.8%，占江苏省生产总值的 7.6%，但是，仅海浪灾害一项，便给江苏省造成直接经济损失 0.19 亿元。江苏省更是该年度中我国遭受海浪灾害直接经济损失最严重的省份，其海浪灾害直接经济损失为海浪灾害总直接经济损失的86%。可见，江苏省海洋动力灾害的及时预警、精准防控是研究者与从业人员必须解决的重大科学和现实问题，尤其是在南黄海辐射沙脊群这类重点关注的海域。

南黄海辐射沙脊群位于黄海南部陆架海域，其范围涵盖废黄河水下三角洲至长江水下三角洲之间的区域（从江苏省射阳河口向南延伸至长江口北部的蒿枝港），经纬度范围为 32°00′～33°48′N、120°40′～122°10′E。南黄海辐射沙脊群由70 多条大型沙脊组成，全区水深为 0～25m，并以琼港为中心向外呈辐射状分布，总面积达 3 万 km^2。而作为陆架近海区域的沙洲系统，南黄海辐射沙脊群的气象、地质、水动力等自然条件复杂，极易受到气象灾害、海洋环境灾害、海洋生态灾害、海洋地质灾害及海洋气象环境变迁的耦合影响和强烈侵袭。例如，1939 年风暴潮灾害造成该海域死亡失踪人数高达 13 000 多人；2000 年海洋灾害造成该区域直接经济损失 56 亿多元。此外，在全球气候变暖、海平面呈现持续上升趋势的大环境背景下，南黄海辐射沙脊群海域的海平面平均上升速率达到约 2.5mm/a，显著高于全国及世界平均上升速率。

同时，从逐年海洋经济统计可知，虽然江苏省处于"一带一路"建设和长江经济带建设的交汇点，拥有得天独厚的区位优势，但是江苏省海洋经济的体量地位尚未与其强大优势相匹配，与国家重视及厚望相比其发展相对滞后。2021 年发展改革委印发《江苏沿海地区发展规划（2021—2025 年）》，明确要求江苏沿海地区全面接轨上海和苏南地区，并增强对苏北和皖北地区的辐射带动作用，直接提出目标：到 2035 年，江苏沿海地区经济实力、科技实力、综合竞争力大幅跃升，人均地区生产总值和居民人均可支配收入在 2020 年基础上实现翻一番，为打造长三角强劲活跃增长极、世界级城市群、沿海生态屏障提供重要支撑。可见，江苏沿海地区海洋经济的发展，不仅对推动江苏高质量发展极其重要，还在服务全国区域协调发展大局、增强长三角引领我国参与全球合作和竞争、积极融入共建"一带一路"和长江经济带发展上具有重要意义。在这种时代背景下，江苏沿海海洋经济开发，如沙脊群区域围垦工程等，面临着巨大的发展机遇，也对该海域的科学保障、精准预报、灾害防御及海洋资源评价提出了更高、更精细、更系统的技术要求。

目前，国内外针对诸如南黄海辐射沙脊群海域这类特殊地形地貌环境下海洋动力灾害的精细化、区域化、系统化的研究工作鲜少问世，尚未形成普适的理论方法和评估体系。江苏海洋观测预报工作起步晚、基础薄弱，针对辐射沙脊群海域的特殊地形地貌特征的海洋精细化预报技术研究尚未启动。开展辐射沙脊群海域的海洋精细化预报技术研究，将为江苏沿海海洋防灾减灾、科学开发和利用海洋资源、海洋经济可持续发展提供可靠的技术支持和保障，对提高海洋灾害的应对能力和应急处置水平、最大限度地减少海洋灾害损失、促进江苏沿海大开发、保障江苏海洋经济发展和人民生命财产安全具有重要意义。

基于以上现实需求和科学瓶颈，"南黄海辐射沙脊群海洋精细化预报技术研究与应用示范"技术团队经年钻研，已在该领域形成一系列创新性成果。本书通过对南黄海辐射沙脊群海域的海洋动力灾害关键预报技术的系统研究，搭建了海洋灾害基础信息数据库和集成多灾害的防灾减灾预报平台，开发了风暴潮-海浪灾害耦合模型，针对江苏大丰港区及其邻近海域进行了极端风暴潮潮位、台风风暴潮漫堤、海浪等预报的示范应用，并形成了该区域海洋动力灾害影响及损失的评估体系。系列研究工作已在实际业务层面推动该区域海洋灾害预警预报水平提高，并将为后续该区域的海涂围垦、海洋开发利用和海洋环境保护等海洋经济活动、海洋管理等提供技术支撑和科学保障。

本专著由 8 章组成。

第 1 章介绍了研究区域的基本情况，包含南黄海的气象气候以及辐射沙脊群海域的地形地貌、海洋水文；回顾了南黄海的历史海洋灾害，以及海洋动力灾害预报技术发展及现状，并阐述了本书主要内容。

第 2 章包含数据库框架、基础信息，以及历史灾害数据库和实时海况数据库的内容，并介绍了历史海洋灾害统计成果及其演变规律。

第 3 章介绍了风暴潮模型基本原理、海浪模型基本原理、风暴潮-海浪模型耦合过程、台风理论风场模型等本研究中采用的理论方法。

第 4 章介绍了风暴潮-海浪灾害耦合预报技术应用，包含模型方案设置、风暴潮预报算例、海浪预报算例。

第 5 章介绍了针对风暴潮漫堤灾害的评估技术，以及其在大丰海域及港区极端风暴潮潮位分析和台风风暴潮漫堤情景模拟中的应用。

第 6 章包含支持平台构建目标和总体设计、风暴潮数值预报模型成果的集成、海浪数值预报模型成果的集成及风暴潮漫堤灾害评估系统建设。

第 7 章介绍了本研究成果在业务工作中的实际应用，包含风暴潮-海浪精细化预报系统应用、大丰港区风暴潮漫堤灾害损失评估等。

第 8 章综合总结了本研究工作的成果与创新。

在国家科技支撑计划专项"南黄海辐射沙脊群海洋精细化预报技术研究与应用示范"的支撑下，以及全体编委会同仁的大力支持与通力协作下，本书得以成稿。虽然疫情肆虐全球，但是诸君仍以热忱之心仔细撰稿、认真检查，并在成稿后进行了全书阅读、统稿与审校。对此，我们表示无限的感动和敬意！并在此谨代表全体编委会同仁，对多位资深专家的帮助和鼓励，对各方面领导及本项目全体参与者致以诚挚的感谢！

希望本书能够帮助读者了解南黄海辐射沙脊群海域，关注海洋动力灾害防灾减灾技术。文稿难免存在不足，期待同行专家和广大读者批评指正！

作 者

2023 年 5 月

目　　录

第1章

概　　述

本章首先简要介绍南黄海及南黄海辐射沙脊群海域的基本情况，包含南黄海的气象气候，以及辐射沙脊群海域的地形地貌、海洋水文等区域特征，然后回顾南黄海的历史海洋灾害，梳理海洋动力灾害预报技术发展及现状，最后介绍本书主要内容。

1.1　研究区域的基本情况

江苏沿海地区从江苏与山东交界的绣针河河口起，至连兴港长江口岸线（即连兴港经苏通大桥至长江口南岸苏沪交界浏河镇东侧）。海岸线总长 888.945km，沿海总面积为 6853.72km²（自海岸线向内 5km 至低潮水边线）。总体而言，江苏沿海海岸由沿海宽广的海岸平原、近海海底平原（海图 0～20m 水深海域）和宽广的潮间带（海图 0m 等深线与海岸线之间）组成。而江苏邻近海区主要为黄海海域（江苏省 908 专项办公室，2012）。

黄海得名于古黄河自江苏北部汇入，其水因含沙量高而呈黄褐色。黄海海域平均水深 44m，其中最大水深位于济州岛北侧，达到 140m，基本是以大陆架为主的浅海海域，位于中国与朝鲜半岛之间，西北向通过渤海海峡与渤海相连，南向与东海相连（以长江口北岸启东嘴与济州岛西南角连线为界），东南向延伸至济州海峡的西侧，并通过朝鲜海峡、对马海峡与日本海相连。黄海主要的海湾包含胶州湾、海州湾、朝鲜湾、江华湾等；主要岛屿有长山群岛、朝鲜半岛西岸岛屿等；注入的主要河流包括淮河水系诸河、鸭绿江和大同江等。

按照历史习惯，研究者和从业人员以深入黄海海域的山东半岛为界，将其顶端的成山角与朝鲜半岛长山串之间的连线视为南黄海和北黄海的分界线。南黄海和北黄海海域的特征具有一定的差异。从海岸类型而言，北黄海海域的山东半岛为港湾式砂质海岸，江苏北部沿岸为粉砂淤泥质海岸，而黄海东部和西部的岸线曲折多样。从地质构造而言，黄海的表层沉积物大部分为陆源碎屑物，局部地区存在残留沉积，并且自岸向海沉积物由粗到细呈带状分布，同时粗细沉积物之间存在宽窄不等的粉砂质沉积，即沿岸区以细砂为主，局部地区存在砾石等粗碎屑物质。东黄海的海底沉积物主要来自朝鲜半岛，其西部的大部分为黄河和长江的早期输入物，其中部深水区主要是黄河输入的以泥质为主的细粒沉积物。除了沉积物，黄海基底岩石也具有区域性差异。黄海基底整体由前寒武系变质岩系组成，其北部为中朝准地台的胶辽隆起带，其南部则在新生代经受了大规模断陷，接收了巨厚的沉积。如此南北不同的隆起与断陷形成了黄海海底构造骨架：胶辽隆起带、南黄海-苏中拗陷带、浙闽隆起带。海底构造由大致平行相间排列的隆起带与拗陷带（盆地）组成，这也成为黄海陆架发育的基础。从晚近地质时期以来，黄海从黄河、长江获取了丰富的泥沙补充，填没了构造拗陷、水下谷地、构造隆起和水下丘陵等，形成了宽广而平坦的大陆架，再经由第四纪以来的冰期与间冰期更迭、海面交替升降、大陆架多次成陆和海侵，直至距今 6000 年左右的时期，黄海海面基本稳定于现今位置。从海底地势而言，黄海海底地势整体比较平缓，但南北也存在一定的差异。海州湾以北的黄海北部中央略偏东位置存在一个狭长的水下洼地，称为黄海槽。黄海槽自济州岛向渤海海峡延伸，由南向北逐渐变浅，东面地势较陡，西面地势较平缓。而北黄海从鸭绿江口到大同江口之间的海底区域，由于潮差大、潮流急，海底沙滩在潮流冲刷下形成与潮流平行、大片东北走向的潮流脊。在南黄海，38°N 以南分布有宽广的水下阶地和大型潮流脊群，而从连云港云台山至长江口北支的淤泥质海岸是我国最长的潮滩，其全长为 522km（Zhang，1995）。南黄海潮流脊群是在古黄河-古长江复合三角洲的基础上，经过潮流长期冲刷塑造而成，被称为苏中-苏北沿岸潮流脊群，并且位于江苏中部射阳河口以南、长江口北海岸外围区域，以弶港为中心的巨大辐射状的独特海底地貌体系，被称为南黄海辐射沙脊群。该潮流脊群南北长度约 200km，东西宽度约 90km，由 70 多个沙体组成，以弶港为顶点辐射向外分布。同时，其南部分布的一系列小岩礁，如苏岩礁、鸭礁、虎皮礁等，与济州岛联动构成的岛礁线成为黄海与东海的天然分界线。

以下从江苏、黄海海域及其邻近区域的气象气候、地形地貌、海洋水文等方面阐述影响南黄海辐射沙脊群海域的环境特征。

（1）气象气候

江苏位于 30°45′～35°8′N、116°21′～121°56′E，整体地势平坦，属于亚洲大陆东岸中纬度地带的东亚季风气候区。从气候角度而言，其位于亚热带和暖温带的气候过渡地带，兼受西风带、副热带和低纬东风带天气系统的影响，并且以淮河、苏北灌溉总渠一线为界，界线以北地区为暖温带湿润、半湿润季风气候，界线以南地区为亚热带湿润季风气候。在漫长的海岸线、地形地貌、太阳辐射、环流系统等综合影响下，江苏省气候基本呈现四季分明、气候温和、季风影响显著、冬冷夏热、春温多变、雨热同季、雨量充沛、降水集中且梅雨影响大的特点。由于强烈的海洋影响，江苏省风能资源蕴藏量大，开发潜力巨大，尤其是东部沿海地区，部分地区年平均风速达 5.0m/s 以上，年风能有效小时数达 6000h 以上，年平均风功率密度可达 200W/m^2。同时，江苏省也是我国遭受台风、风暴潮等海洋、气象灾害剧烈的地区之一，其频发的灾害种类多、影响面广，根据历史统计，影响江苏省的主要气象灾害有暴雨、台风、强对流天气（含大风、冰雹、龙卷风等）、雷电、洪涝、寒潮、大雾等（刘新等，2005）。从江苏省的气候概况可知，其受到海洋的影响颇深。

黄海海区气候具有明显的季节特征。在季风影响下，黄海海区冬季寒冷而干燥，夏季温暖而潮湿。黄海海区的平均气温在 1 月最低（−2～6℃），在 8 月最高（25～27℃），并且有显著的南北温差，可达 8℃；年平均降水量南部约 1000mm，而北部约 500mm，其中 6～8 月为黄海雨季。冬、春和夏初黄海沿岸多海雾，尤其是在 7 月频繁发生。在风场方面，每年 10 月至翌年 3 月，黄海盛行偏北风，风向稳定，风力较强，其北部为西北风，平均风速为 6～7m/s，南部则为北风，平均风速为 8～9m/s。此时黄海处于冬季风控制下，并且经常有冷空气、寒潮入侵，促使黄海沿岸大幅降温，其幅度平均为 10～15℃。季风影响在每年 4 月交替，因此把 4 月称为黄海季风的转换期。而到了 5 月，黄海出现偏南季风，以东南风为主，风向不稳定，风力较弱，6～8 月为平均 5～6m/s 的东南风，其中夏季风的盛行期为 5～8 月，夏季风的极盛行期为 7～8 月。同时 5 月进入台风季，沿海在北上台风袭扰下，时常出现大风天气。可见，夏初是冬季风转向夏季风的过渡时期，偏南、偏北的气流交替出现，风向分布紊乱。偏南季风影响南部早于北部。通常而言，黄海沿岸一般在 5 月已转变为偏南季风，9 月西伯利亚高压逐渐恢复对东亚的控制，使得夏季风撤退，再次由冬季风控制黄海。这个转换过程较为迅速，相比由冬到夏的过渡期而言，由夏到冬的过渡期较短。黄海海区从 9 月开始逐渐变成偏北风，至 10 月已经开始迅速增强，经过几次冷空气南下侵袭，逐渐由频率高、风力强劲的冬季风控制（程宜杰，2006）。

在灾害性天气方面，首先是黄海较频繁发生的大风天气（大风是指 6 级以上的风），这是黄海海域主要的灾害性天气之一。黄海海区 8 级以上的大风日数年平均可达 60d 左右，6 级以上的大风日数年平均可达 100d 左右，并且较强的大风天气主要出现在冬季。黄海海区的大风天气主要受到地形的影响，具有明显的地区特征，如成山角附近为常年大风天气频繁发生的区域。即使是同一个天气系统的影响，该地区的风力也比其他地区大 1～2 级。山东半岛北部沿岸较容易发生 7 级（13.8m/s）以上的地方性冬季大风天气，这是由于冷空气从内蒙古进入东北平原，受到长白山地形的阻碍，其将沿着长白山西侧向西南经过辽东半岛再进入渤海和黄海北部；山东半岛南岸 20～30n mile 的沿岸区域则容易在一定的气压场配置下，等压线与岸线平行时发生东北大风天气。黄海寒潮是指强冷空气南下，在黄海区域形成 8 级以上大风，并造成气温急剧下降，使得长江中下游及其以北地区最低温度 48h 以内下降 10℃以上，最低温度在 4℃以下，还可能伴有雨雪天气。黄海区域的寒潮通常发生在每年 11 月至翌年 3 月，平均每月 1～2 次（6～7 次/年），其中 3～4 月发生的寒潮较弱，而强大的寒潮将可能在低压系统的配合下发生持续数日的 10 级以上的大风过程。黄海海区的大雾也是较为频繁发生的灾害天气之一，3～7 月为雾季，其中 6～7 月发生次数最多，年平均雾日在黄海北部和南部为 30～50d，在黄海中部为 60～80d。部分地区发生强烈的大雾天气，例如，黄海西部成山角至小麦岛、北部大鹿岛到大连，以及东部从鸭绿江口、江华湾到济州岛附近沿岸海域皆为多雾海区。其中，"雾窟"成山角附近海区年均雾日为 83d，大雾天气最多持续 27d，年雾日最多达 96d（汤毓祥等，2000；邹娥梅等，2001；张长宽，2013）。

（2）地形地貌

上文已简要描述黄海地貌，此处主要介绍南黄海辐射沙脊群的地形地貌特征。南黄海辐射沙脊群位于江苏中部海岸带外侧、黄海南部陆架海域，是一种大规模的特殊的海底地貌体系（刘博，2017），经纬度范围为 32°00′～33°48′N、120°40′～122°10′E。该沙脊群约长 200km、宽 90km，一般认为其以弶港为顶点，以黄沙洋为轴，自岸向海呈现辐射状展开（朱瑞等，2012）。沙脊群中多数沙脊的近岸部分在海水低潮时露出水面，形成形状、大小不一的沙洲（高敏钦，2011）。其间沙脊和潮流通道纵横分布，水深大多为 0～25m，最深处可达 38m。通常来说，辐射沙脊群体系由露出海面和海面以下的辐射状沙洲、沙脊，以及其间的潮流通道组成。南黄海辐射沙脊群由沙脊群顶点向北、东和东南方向上，共分布着 9 条形态完整的大型海底沙脊。这类大型海底沙脊长度约为 100km，宽度约为 10km，包含 5～10 个大小不等的沙洲（杨耀中等，2013）。

根据《中国海岸带和海涂资源综合调查图集：江苏省分册》和《江苏省海岸带自然资源地图集》可总结出南黄海辐射沙脊群区域内沙脊的主要情况（表 1.1），其中外毛竹沙为辐射沙脊群中最长的一条沙脊，但其高程较低，大部分处于水下。而根据 2011 年完成的江苏近海海洋综合调查统计可知，在理论深度基准面以上的沙洲有 70 余个，面积在 1km^2 以上的沙洲有 50 余个，平均海平面以上的沙洲总面积可达 2125.45km^2。而结合实测海图，可知辐射沙脊群区域内水下 0～5m 深度的沙脊总面积为 2611km^2，5～10m 深度的沙脊总面积为 4004km^2，10～15m 深度的沙脊总面积为 6825km^2，15m 水深以下的沙脊总面积为 50 458km^2（王颖，2002；陈橙等，2013）。南黄海辐射沙脊群的特点为：其一，沙脊分布呈现辐射状延展的扇形，两侧沙脊与相邻岸线的走向接近平行，越靠近中轴线，沙脊线与岸线的交角越大。各条沙脊两端较窄，中间较宽，但中间区域的沙脊尾部略有弯曲。其二，沙脊和深槽间隔分布，潮流通道分割沙脊，但不同沙脊间的水道横剖面形态因距离辐射顶点不同而各不相同。例如，辐射顶点附近的条子泥在高程上仅由小型潮沟分隔，中部区域的槽高程差较大，大多形成"V"形剖面，水深为 15～20m，最深处可达 48m；而距离辐射顶点超过 100km 后，脊槽相对高差减小，二者形态演变为宽槽脊、宽槽窄脊，并逐渐趋于平缓。其三，沙脊高程呈现由沿岸向外海逐渐减小的趋势，其中露出海面的沙洲主要分布在条子泥附近。高程和面积较大的沙洲，如竹根沙，通常分布在多条沙脊的汇合处。其四，沙脊群以蒋家沙为界，其南北两侧沙脊的形态不对称。北部沙洲连续、面积大、密度大、高程高，沙脊和水道较为宽阔，并且沙脊尾部转为北向，外部沙洲离岸伸展，沙洲横剖面西高东低。而蒋家沙以南的沙洲零散、面积小（仅为北部的 1/3），脊窄槽深，沙脊平面形态较为平直，在近岸与岸滩斜交，则沙洲外缘离岸较近，横剖面上西南高、东北低（孙伟红，2013）。

表 1.1　南黄海辐射沙脊群区域的主要沙脊情况

沙脊名称	走向	长度（km）	0m 以上的沙洲面积（km²）	两侧水道	主要沙洲及其面积（km²）
东沙	西北	90	760	西洋、小北槽	东沙（693.73）
麻菜珩	西北	80	23	小北槽、陈家坞槽	麻菜珩（15.84）
毛竹沙	东北	90	200	陈家坞槽、草米树洋	竹根沙（125）
外毛竹沙	东北	120	38	草米树洋、苦水洋	元宝沙（29.34）
蒋家沙	东北	90	210	苦水洋、黄沙洋	西蒋家沙（125）
太阳沙	东南	70	38	黄沙洋、烂沙洋	西太阳沙（11.61）
冷家沙	东南	70	140	烂沙洋、网仓洪	如东东部岸滩
腰沙—乌龙沙	东南	80	210	网仓洪、大湾洪	如东东南岸滩
条子泥	东南	—	505	东大港、西大港	炮灰脊、高泥、条子泥

　　进一步分析南黄海辐射沙脊群的第四个特点可发现，南北部沙洲面积的差异是由于二者沙洲发育与改造时间长短、入海泥沙及其输运存在差异，直接反映了古黄河、长江供沙量的差异。汪亚平和张忍顺（1998）在研究中根据沙洲的位置及面积，将沙脊群分为东沙、竹根沙、蒋家沙、太阳沙和腰沙 5 组，各组沙洲分别以扇面向海辐射，沙洲间均被较深的潮流通道相隔。其潮流通道为潮流主槽水道（洋）、潮流支槽（槽或洪）、潮流汇槽。潮流通道的变化也将对沙脊群的演变产生重要影响（陈君和张忍顺，2003）。张忍顺和王雪瑜（1991）发现，南黄海辐射沙脊群与江苏中部海岸潮间带之间存在一些数千米长、数十至数百米宽的潮沟-潮盆体系单元，这些潮盆、潮沟系统及分水滩主导着局部地区的净输水和净输沙。例如，条子泥—高泥处于弶港附近海域，潮流挟带的大量泥沙在此沉积，促使该段海岸成为江苏沿海发育最完整的淤泥质海岸之一（张忍顺等，2003）。由于二分水滩脊位于近岸沙洲——条子泥的西部，条子泥与岸之间相隔的两条南北向水道使二分水滩脊的横向发育中断。与单一的潮滩发育模型相比，该地区的海岸沉积具有其独特性。

　　正是基于以上特点，南黄海辐射沙脊群区域具有海岸潮滩、沙脊体系的双重特色，是沙脊群地貌体系向潮滩地貌过渡的重点研究区域。

　　（3）海洋水文

　　黄海作为太平洋西部最大的边缘海之一，是典型的近似南北向的西太平洋半封闭边缘海。黄海平均水深 44m，海底比较平坦，最大深度 140m。通常而言，将黄海从胶东半岛成山角到朝鲜半岛长山串之间的连线作为界线，将黄海划分为北黄海和南黄海两部分，北黄海面积约 8.1 万 km²，南黄海面积约 40.9 万 km²。黄海的西北部通过渤海海峡与渤海相连，东部通过济州海峡与朝鲜海峡相通，南部以长江口东北岸启东角到济州岛西南角的连线同东海分界。注入黄海的河流主要有鸭绿江、大同江、汉江、淮河等。黄海的岛屿主要集中分布在辽东半岛东侧、胶东半岛东侧和朝鲜半岛西侧。我国濒临黄海的省份为辽宁、山东和江苏（李培等，2002）。

在环流方面，黄海环流主要由黄海暖流及其余脉、沿岸流所组成。黄海海流整体偏弱，其流速一般只为最大潮流速度的 10%。在盛行偏北风的季节（冬季），表层风海流多偏南流；在盛行偏南风的季节（夏季），则变为多偏北流。除了表层流以外，黄海暖流是对马暖流在济州岛西南向黄海延展的一个分支，因此也称其为对马暖流西分支。黄海暖流沿黄海槽向北流动，平均流速约 10cm/s。黄海暖流是黄海海水的主要外部来源之一，高盐高温（冬季），但在北上途中逐渐变性，当它进入黄海北部时已成为余脉，再向西转折，经老铁山水道以微弱流动进入渤海。而环流的另一重要组成为黄海沿岸流。黄海沿岸流属于西朝鲜沿岸流、辽南沿岸流、苏北近岸局部性沿岸流等中的一支，低盐低温（冬季），浑浊缓慢（<25cm/s），沿山东半岛北岸向东流，在成山角附近转向南，绕过成山角后沿 40~50m 等深线一直南下，在长江口以北 32°~33°N 附近转向东南，越过长江浅滩侵入东海。黄海沿岸流偏弱，但是在山东半岛北岸一带流幅较宽，在夏季可达到 50 余千米，经过成山角时，流幅迅速变窄，使得流速增大，而在越过成山角后流速又再次剧减，随后自海州湾往南流动时流速又渐增至 25cm/s。因此，黄海暖流和黄海沿岸流流向终年稳定，流速夏弱冬强，并且黄海暖流北上，黄海沿岸流南下，形成稳定的气旋式流系，尤其是在夏季，黄海冷水团密度环流加剧了气旋式流系（孙湘平和汤毓祥，1993）。

在水团方面，黄海主要拥有沿岸水团、黄海中央水团和南黄海高盐水团。沿海水团由黄海沿岸 20~30m 等深线以内海域入海的江河淡水与海水混合而形成的辽南、鲁北、苏北和西朝鲜沿岸水组成，其特征为低盐（<32.0‰）浑浊，冷水团面积夏大冬小，夏浅而冬深。黄海中央水团处于黄海中央水下洼地区域，是由涌入大陆架浅海的外来海水与沿岸水混合后在局地水文气象条件下形成的混合水团，具有显著的季节特征。从当年 11 月至翌年 3 月，黄海中央水团垂直均匀，温度为 3~10℃，盐度为 32.0‰~34.0‰。而从 4 月至 10 月，黄海中央水团明显分为上、下两层，其上层高温（25~28℃）、低盐（31.0‰~32.0‰），厚度为 15~35m；下层低温（6~12℃）、高盐（31.6‰~33.0‰），形成黄海底层冷水或黄海冷水团，并存在明显的跃层。黄海冷水团作为温差大、盐差小且低温的水体，于 12 月至翌年 3 月更新形成，4~6 月成长，7~8 月强盛，9~11 月消亡。黄海冷水团的边缘部分在夏季将形成气旋式密度环流，其速度自冷中心向外逐渐增大，冷水团边缘等温线密集处的速度最大值为 20~30cm/s，并且黄海冷水团同样以成山角至长山串的连线为界线，分为南、北两个部分。南黄海冷水团相较于北黄海冷水团，温盐略高，并且冷中心位置变化较大，在 35°30′~36°45′N，124°E 以西区域移动，最低温度变化范围为 6.0~9.0℃。南黄海高盐水团（又称黄海暖流水团）位于黄海东南部，由对马暖流高盐水

团与黄海中央水团混合形成。冬季，南黄海高盐水团高温高盐，而在夏季，由于层化和上层中央水的扩展，上层消失，下层保持着冬季的特征艰难存在。

在温盐方面，黄海具有显著的边缘海特征，温盐区域差异、季节差异和日变化、垂直差异都较大。区域差异上，由南向北，由中央向近岸，温度、盐度逐渐降低。在黄海东南部，表层年平均温度为 17℃，盐度大于 32.0‰；在北部，表层年平均温度低于 12℃，盐度小于 28.0‰，其中，鸭绿江口为黄海盐度最低的区域。季节变化上，冬季由于黄海暖流加强，其高温高盐水舌伸入黄海北部，温度和盐度水平梯度较大，近岸区域温度和盐度较低（温度 0～5℃，盐度 31.0‰～33.0‰），中部较高（温度 4～10℃，盐度 32.0‰～34.0‰），温度和盐度的垂直分布均匀，其中济州岛附近为最高区域（温度 10～15℃，盐度 >34.0‰）；夏季，黄海上层水的温度升至最高，盐度普遍降低。垂直分布上，黄海是中国近海区域温跃层（海面增温和风混合造成的季节性跃层）最强、盐跃层（由两种温盐性质不同的水团叠置形成的盐度分层）最弱的海域。其中，黄海温跃层于 4～5 月出现，其深度为 5～15m，厚度小于 15m；6 月增长，7～8 月达到最强，深度小于 10m，厚度减小；9 月开始衰退，到 11 月基本上消失。强温跃层位于北黄海中部和青岛外海，最强盛时中心区域最大强度分别为 1.28℃/m、1.80℃/m。

在潮汐和潮流方面，黄海有两个逆时针旋转的潮波系统，其无潮点分别位于成山角以东和海州湾外，两个系统主要由自南部进入黄海的半日潮波与山东半岛南岸和黄海北部大陆反射回来的潮波互相干涉并在地转偏向力的影响下而形成。黄海大部分区域为规则半日潮，只有成山角以东至朝鲜大青岛一带和海州湾以东一片海区为不规则半日潮。潮差东部大于西部，其中黄渤海区域最大的潮差发生于黄海北部的丹东港，最大潮差为 7.2m（出现于 1990 年 10 月 8 日），平均潮差 4.5m，平均潮差的最大值出现在秋季或春季，最小值出现在冬季或夏季。而在黄海东部，潮差一般为 4～8m，最大值出现在韩国仁川港（最大可能潮差达 10m，为世界闻名的大潮差区之一）。黄海西部潮差一般为 2～4m，成山角附近潮差尚不到 2m，为黄海潮差最小的区域。而在江苏沿海，弶港至小洋口一带海域潮差较大，平均潮差可达 3.9m 以上；小洋口近海潮差达 6.7m，长沙港北可达到 8.4m。此外，在潮流上，与潮汐相同，除山东烟台近海和渤海海峡等处为不规则半日潮流外，黄海其他区域为规则半日潮流，其流速在东部大于西部。强潮流区位于朝鲜半岛西端的一些水道（最大流速可达 4.8m/s），其次为西北部的老铁山水道（最大流速达 2.5m/s）。而在江苏沿岸，吕四、小洋口、斗龙港以南水域潮流强盛（最大流速可达 2.6m/s）。

在海浪方面，黄海北部以风浪为主，南部以涌浪为主。从季节来看，从 9 月至翌年 4 月，北部为西北浪或北浪，南部以北浪为主；6～8 月，北部为东南浪或南浪，南部以南浪为主。秋冬期间，风浪整体较大，浪高可达 2.0～6.0m；春夏期间，海区风浪稍小，一般浪高为 0.4～1.2m。当强大寒潮（台风）过境时，海区浪高可达 3.5～8.5m（6.1～8.5m）。成山角和济州岛附近海区为常见的风浪大值区。

而黄海涌浪在夏秋季大于冬季，涌浪浪高一般为 0.1～1.2m，但当台风过境时可能出现 2.0～6.0m 的涌浪（袁业立等，1993）。

在南黄海辐射沙脊群海域，水文特征更加具有区域性。南黄海辐射沙脊群沿岸位于长江、淮河流域，长江平均入海流量约 500m³/s，年径流量为 9317 亿 m³。南黄海辐射沙脊群的南部海域大约受到 10% 的长江径流的影响，长江口附近盐度为 24‰～26‰，而淮河干流经黄河（年径流量为 28 亿 m³）和灌溉总渠（年径流量为 30 亿 m³）入海。其中，从古黄河口到长江口沿岸区域，主要的入海河道为 10 条，并且其入海径流为向南输送。影响较大的主要河流和港口有射阳河（年径流量为 47 亿 m³）、新洋港（年径流量为 24 亿 m³）、斗龙港（年径流量为 12 亿 m³）等。长江口、射阳河口附近存在表层低盐区，但由于长江冲淡水南下的影响，江苏海域长江口附近的低盐区域可能消失，并且整个海域表层盐度大于 30‰，底层盐度离岸逐渐增加，一般大于 27.4‰（何小燕等，2010）。气温上，整个区域的年平均气温为 14～15℃。根据 2006～2007 年的实测结果，夏季江苏沿海中部浅水海域水温较周围高，保持在 24℃ 以上，但冬季表层水温等值线虽然基本与岸线平行、与等深线走向接近，却与气温分布差别较大，其低温出现在弶港附近，表层温度约 5℃。风场上，该区域全年主要为东南风，其中夏季风向偏西，春秋季节风向偏东，冬季则为偏北风。全年海上平均风速为 5～7m/s，海岸为 4～5m/s，最大（最小）风速出现在 4 月（6～7 月），风速等值线与海岸方向平行。波浪上，江苏近海平均有效波高在秋季最大，其次为春夏季节，近岸海域波高小于外海。大部分地区浪高小于 1m，如东外海的波浪相对较大，最高可达 2.9m，而在废黄河口海域则小于 0.5m（张东生等，1998）。潮汐上，由于沙脊群的地形复杂，只有在高潮位时，整个区域才会受到外海波浪的影响。因此，该区域开放的潮流通道如苦水洋、黄沙洋、烂沙洋等位置的波浪较高。例如，在全年最大风速影响下，沙脊群区域平均波高基本保持在 2m 左右（张东生等，1998）。江苏北部沿海，除成山角等无潮点附近为不正规全日潮外，其余区域皆属于不正规半日潮，南部海域受东海前进潮波的影响，为正规半日潮。在沙脊群区域，弶港至小洋口一带潮差最大，而南北两侧递减，其中长沙港潮差可达 6.45m。潮流较强且一般沿沙脊方向，其最大流速可达 1～2m/s。可见，以辐射顶点弶港为界，其南部以外海的旋转潮流影响为主，而近岸区域往复流性质明显，其北部区域受到往复流的影响较强（陈冰，2012）。但在长江口登陆和海上转向型台风所形成的风暴潮等过程中，会产生局部 2m 左右的增水，造成与通常潮流场不同的、流速超过 1m/s 的瞬时流场。风暴引发的瞬时流场经常与沙脊和水道产生斜交作用，与台风引发的灾害性波浪共同影响，使沙脊和滩地受到冲刷作用。而且南黄海海域同时受到两个潮波系统的影响，这两个潮波系统在弶港海域附近辐合，潮波能量集中，潮差增大。沿朝鲜半岛的开尔文波被山东半岛反射后向南部江苏海岸传播，与东海向北传播的庞加莱波相遇，在江苏沿海产生局部的庞加莱波，形成了辐聚辐散的潮流格局。这也将作用于局地的地形变化（杨长恕，1985；黄易畅和王文清，1987；

Fei et al., 2012)。

1.2 南黄海的历史海洋灾害

海洋灾害,指的是当海洋自然环境发生异常、激烈的变化时,海域中或沿海岸带发生严重危害社会、经济、环境和生命财产的灾害性事件(叶涛等,2005)。我国幅员辽阔,拥有漫长的海岸线和广阔的海洋领土,是世界上遭受海洋灾害最为严重的国家之一。影响我国的主要海洋灾害包含风暴潮、海浪、海冰、海啸、赤潮、绿潮、海平面变化、海岸侵蚀等(张家诚等,1998;李杰和李岳,1999;杨桂山,2000;杨华庭,2002)。同时,随着我国海洋经济的快速发展和陆地资源逐渐趋于枯竭,海洋经济发展与沿海地区海洋灾害影响的矛盾日益突出,海洋防灾减灾形势越发严峻,并且各类海洋灾害的变化和区域特征不一。例如,2013 年,中国沿海发生风暴潮 26 次;到了 2018 年,中国沿海发生风暴潮 16 次;2013~2018 年中国沿海发生风暴潮的次数基本稳定,分别为 26 次、9 次、10 次、18 次、16 次、16 次,但我国近海出现有效波高 4.0m(含)以上的灾害性海浪次数在 2013~2018 年却呈增多趋势,分别为 20 次、35 次、33 次、36 次、34 次、44 次。可见,对海洋灾害的研究和应对需要精细、分类地按区域进行。同时,我国各级主管部门和从业人员积极开展海洋灾害观测、预报和防范工作,逐步提高对我国沿海人民群众的生命财产安全、海洋经济活动的保障水平,并已经取得了一定进展。例如,2013 年我国各类海洋灾害造成死亡(含失踪)人数为 121 人,共造成直接经济损失为 163.48 亿元,而到了 2018 年,我国各类海洋灾害造成死亡(含失踪)人数降低为 73 人,共造成直接经济损失减少为 47.77 亿元。在此,以 2020 年我国及江苏省海洋灾害情况为例,简要阐述各类海洋灾害的影响。

总体而言,2020 年我国海洋灾害以风暴潮和海浪灾害为主,同时海冰、赤潮、绿潮等灾害也不同程度发生,各类海洋灾害给我国沿海经济社会发展、海洋生态等方面造成了诸多损失(表 1.2),例如,造成直接经济损失约 8.32 亿元,死亡(含失踪)6 人,其中风暴潮灾害造成直接经济损失约 8.10 亿元(最多,占总直接经济损失的约 97%);海浪灾害造成直接经济损失约 0.22 亿元,死亡(含失踪)6 人,即本年度全部人员死亡(含失踪)均由海浪灾害造成。但与近 10 年(2011~2020 年)平均值相比,2020 年海洋灾害直接经济损失和死亡(含失踪)人数均为较低值,分别约为平均值的 9%和 11%。与前一年(2019 年)相比,2020 年直接经济损失和死亡(含失踪)人数分别减少 93%和 73%。就沿海各省(自治区、直辖市)而言(图 1.1),浙江省是 2020 年海洋灾害直接经济损失最严重的区域,约 3.5 亿元,约是 2011~2020 年平均水平(约 19.3 亿元)的 18%。就单次海洋灾害而言,2020 年第 4 号台风"黑格比"(编号 2004)过境造成的台风风暴潮是直接经济损失最严重的单次海洋灾害,其造成直接经济损失约 3.5 亿元;近 10 年造成直接经济损失最严重的灾害过程为 2019 年第 9 号台风"利奇马"（编号 1909）引起的台风风暴潮灾害，前者造成的直接经济损失是后者的 3%。在江苏省，2020 年共发生风暴潮过程 1 次（台风风暴潮过程，未达到海洋灾害等级）、海浪过程 10 次，其中造成海浪灾害的有 2 次，造成直接经济损失 1919.0 万元；4～7 月出现浒苔绿潮，其最大覆盖面积为 5km^2；沿海海平面较常年平均偏高 74mm；受侵蚀海岸长度为 19.40km。与 2019 年比较，2020 年江苏省直接经济损失和死亡（含失踪）人数均有所减少，是近 5 年（2016～2020 年）来的最低值（图 1.2）。

表 1.2　2020 年沿海各省（自治区、直辖市）主要海洋灾害损失与近 10 年平均值对比

省（自治区、直辖市）	2020 年			近 10 年平均值	
	致灾原因	死亡（含失踪）人数	直接经济损失（万元）	死亡（含失踪）人数	直接经济损失（万元）
辽宁	风暴潮	0	26 335.7	1	16 435.3
河北	无	0	0	1	37 049.8
天津	无	0	0	0	964.7
山东	海浪	0	194.1	0	75 476.5
江苏	海浪	0	1 919.0	3	14 734.5
上海	无	0	0	2	982.7
浙江	风暴潮	0	35 482.7	14	192 535.3
福建	风暴潮	0	12 403.2	11	139 226.5
广东	风暴潮	0	4 919.4	13	281 774.2
广西	风暴潮、海浪	6	325.0	1	46 179.1
海南	风暴潮、海浪	0	1 580.0	8	71 424.9

资料来源：《2020 年中国海洋灾害公报》

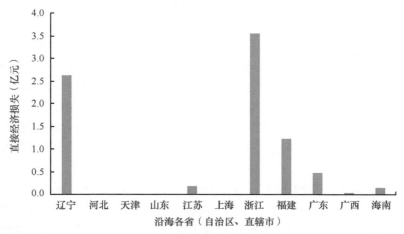

图 1.1　2020 年沿海各省（自治区、直辖市）主要海洋灾害直接经济损失分布（改绘自《2020 年中国海洋灾害公报》）

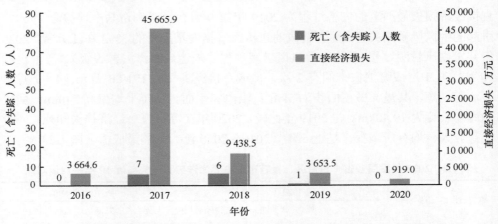

图 1.2　2016～2020 年江苏省海洋灾害直接经济损失和死亡（含失踪）人数（引自《2020 年江苏省海洋灾害公报》）

风暴潮指的是由热带气旋、温带气旋、海上飑线等强烈风暴系统过境所伴随的短时间内的强风和气压骤变引起，叠加于现有天文潮位之上，海面振荡或非周期性的异常升高、降低现象（谭丽荣等，2011）。警戒潮位，指的是防护区沿岸可能出现险情或潮灾，需进入戒备或救灾状态的潮位既定值，从低到高分为蓝色、黄色、橙色、红色四个等级。具体来说，蓝色警戒潮位为海洋灾害预警部门发布风暴潮蓝色警报的潮位值，当潮位达到这一数值时，防护区沿岸必须进入戒备状态，预防风暴潮灾害发生。黄色警戒潮位为发布黄色警报的潮位值，此时防护区可能出现轻微的海洋灾害。橙色警戒潮位为发布橙色警报的潮位值，此时防护区可能出现较大的海洋灾害。红色警戒潮位为发布红色警报的潮位值，此时防护区可能出现重大的海洋灾害，为防护区沿岸及其附属工程能保证安全运行的上限潮位。在风暴潮过程中，我国近海较为常见的为台风风暴潮和温带风暴潮。台风风暴潮按照"台风编号+台风名称+台风风暴潮"命名，例如，由 2020 年第 4 号台风"黑格比"引发的风暴潮，命名为"2004 黑格比台风风暴潮"。温带风暴潮则按照"风暴潮过程发生时间+温带风暴潮"命名，例如，2020 年 11 月 19 日发生的温带风暴潮命名为"201119 温带风暴潮"（刘金芳等，2002）。

2020 年我国沿海共发生风暴潮过程 14 次，其中 10 次为台风风暴潮过程，7 次造成灾害（6 次由台风引起），直接经济损失约 8.10 亿元（其中台风风暴潮过程造成直接经济损失约 5.56 亿元）；共发生温带风暴潮过程 4 次，其中 1 次造成灾害，直接经济损失约 2.54 亿元。与近 10 年相比，2020 年风暴潮过程发生次数和致灾次数较少、灾害强度和损失较小（直接经济损失是近 10 年最低值，是平均值 80.82 亿元的 10%），其中风暴潮过程发生次数少于 2010～2020 年平均值（16.6 次），台风风暴潮过程发生次数与平均值（10.1 次）持平，温带风暴潮过程发生次数少于平均值（6.5 次），风暴潮过程致灾次数（7 次）少于平均值（8.6 次）。仅

201119 温带风暴潮达到红色预警级别。在江苏省，2020 年发生台风风暴潮过程 1 次，为 2020 年第 4 号台风"黑格比"（编号 2004）引起的台风风暴潮，但该过程没有造成风暴潮灾害，并且江苏省在 2020 年没有发生温带风暴潮过程。2020 年为近 5 年中江苏省因风暴潮灾害受损失最少的，而其在 2018 年遭受的风暴潮灾害直接经济损失较大，达到 8000 万元（2016～2020 年平均约为 2500 万元）。

海浪指的是由风应力引起的海面波动现象，一般分为风浪和涌浪两类，也可按照诱发海浪的大气扰动特征来分，例如，由热带气旋引起的海浪称为台风浪，由温带气旋引起的海浪称为气旋浪，由冷空气引起的海浪称为冷空气浪等。此外，研究者们将某一时段连续测得的所有波高按大小排列，取总个数的前 1/2 个大波波高的平均值定义为有效波高，以此来定量描述海浪的强烈程度（彭冀等，2013；李硕等，2015）。根据国际波级表，海浪级别也按照有效波高进行划分，具体划分为：微浪，有效波高小于 0.1m；小浪，有效波高范围为 0.1～0.5m；轻浪，有效波高范围为 0.5～1.25m；中浪，有效波高范围为 1.25～2.5m；大浪，有效波高范围为 2.5～4.0m；巨浪，有效波高范围为 4.0～6.0m；狂浪，有效波高范围为 6.0～9.0m；狂涛，有效波高范围为 9.0～14.0m；怒涛，有效波高大于 14.0m。有效波高大于等于 4.0m 的海浪称为灾害性海浪（许富祥，1996；冯有良等，2012）。2020 年，我国近海共发生有效波高 4.0m（含）以上的灾害性海浪过程 36 次，其中台风浪 18 次、冷空气浪和气旋浪 18 次，造成灾害的海浪有 8 次，造成直接经济损失 2163.09 万元，损毁船只 11 艘，死亡（含失踪）人口 6 人。整体而言，2020 年灾害性海浪发生次数（36 次）与近 10 年平均值（37.8 次）基本持平，没有出现红色预警级别；造成灾害的海浪次数（8 次）低于平均值（20.8 次）；海浪灾害造成的直接经济损失和死亡（含失踪）人数明显小于平均值，其中直接经济损失为平均值（1.94 亿元）的 11%，死亡（含失踪）人数为平均值（46 人）的 13%。就沿海各省（自治区、直辖市）而言，2020 年遭受海浪灾害直接经济损失最严重的是江苏省，达 1919.0 万元，占海浪灾害直接经济损失的 87%，为近 10 年江苏省海浪灾害直接经济损失中较高的，是平均值（约 0.08 亿元）的 2.38 倍。细化造成海浪的原因可发现，我国引发海浪灾害的原因大多为气旋、台风、冷空气或者冷空气与气旋共同作用。2020 年江苏省海域共发生海浪过程 10 次，其中 3 次为台风浪过程，2 次为冷空气浪过程，2 次为气旋浪过程，3 次为气旋和冷空气耦合作用过程。造成海浪灾害的 2 次过程分别为：①2020 年 3 月 27 日，冷空气和气旋配合影响下的海浪灾害，造成江苏近海海域出现 6～7 级大风和 3.0～3.3m 大浪，江苏近岸海域出现 1.5～2.5m 中浪，并造成"苏如渔养 08106"船只因风浪而出现船锚断裂、损坏，在南通市通州湾腰沙海域撞上岸堤，造成直接经济损失 15 万元；②2020 年 7 月 22 日，出海气旋影响下的海浪灾害，造成江苏省近海海域出现 6～7 级大风和 2.7～2.9m 大浪，近岸海域出现 1.5～2.0m 中浪，同时使得连云港市赣榆区青口镇蓝湾现代渔业园大面积养殖池塘发生海水倒灌，园区内 70hm^2 以上养殖池塘受灾，产量严重下降，30hm² 养殖池塘绝收。其中，第二次海浪灾害造成直接经济损失共计 1903.99 万元，包括损失养殖水产品共计 15 余吨，经济损失 1500 万元；道路损毁 6km，经济损失 200 万元；海洋观测设施受损，经济损失 203.99 万元。

1.3　海洋动力灾害预报技术发展及现状

基于以上回顾可知，海洋动力灾害对我国，尤其是江苏省影响巨大。针对诸如南黄海辐射沙脊群这类特殊海域的海洋动力灾害预报、预警具有重要的现实需求和研究价值。因此，对应上述波浪、风暴潮、台风等典型海洋灾害及其耦合影响，前人已发展了一系列预报技术，此处将以南黄海辐射沙脊群海域为研究对象，对该区域海洋动力灾害预报技术的发展及现状进行简要回顾。

（1）波浪模型研究进展

因南黄海辐射沙脊群海域地形复杂，波浪精细化预报模型一直是研究重点之一。张长宽和张东生（1997）根据 Longuet-Higgins 提出的波谱折射方程建立了南黄海辐射沙脊群波浪折射数值模型。邱桔斐（2005）根据江苏省沿岸各测站实测的多年风场资料，通过风浪相关关系确定了深水区波浪要素，在此基础之上，通过第三代浅水波浪数值模型 SWAN 模拟了江苏沿海风浪场，并对其特征进行了分析研究。舒勰俊（2009）基于 WW3（WAVE WATCH Ⅲ）和 SWAN 模型构建了从全球范围至江苏沿海范围的三重嵌套波浪模型。

计算辐射沙脊群海域的波浪场有两个关键问题：一是如何确定外海入射波要素，二是如何建立能够计算大范围复杂地形的数值模型。由于辐射沙脊群海域广阔、海底地形变化剧烈，不是所有的模型都可以用于该海域的波浪场计算。需要进行研究的内容之一就是建立适用于大范围复杂地形的数值模型。一般来说，为了提高计算精度可把数学模型按照其计算水域的范围划分为小、中、大三类。第一类是小范围模型，以三维 N-S 方程为代表（Casulli and Zanolli，2002；Choi and Wu，2006；Zhao and Li，2006；Wu and Yuan，2007）。此类模型可以求解完整的三维 N-S 方程，具有精度高的特点，但由于计算机容量和速度的限制，目前以小范围应用为主。第二类是中等范围模型，以 Boussinesq 方程（Bayram and Larson，2000；Yu et al.，2004；Li et al.，2005；Fuhrman and Madsen，2008）和 Berkhoff 缓坡方程（Maa et al.，2002；Bellotti et al.，2003；Khellaf and Bouhadef，2004；Song et al.，2007；Jin and Zou，2008）为代表。其中，Boussinesq 方程描述的是波面随时间的变化过程，在数值求解时一般时间步长取周期的 1/30～1/24，空间步长取波长的 1/12～1/8。因此，此类方程只适合于中等范围计算，如港池内波浪场的计算。同样地，Berkhoff 缓坡方程由于待求量为波势函数，需要在一个波长范围内布置 8～10 个计算点，因此在有限的内存条件下，计算范围也受到限制。第三类是以能谱平衡方程为代表的大范围模型（Alves and Banner，2003；Xu et al.，2005；van der Westhuysen et al.，2007；Zheng et al.，2008）。此类模型虽然可以计算大范围波浪场，但前提条件是加大空间步长、降低地形分辨率。

南黄海辐射沙脊群海域特别广阔，脊槽相间，地形变化剧烈，用加大空间步长的方法计算很可能造成模拟的结果失真。鉴于此，需要建立一个大范围、细网格、高精度的波浪折射、绕射数学模型，用于对该海域的海浪进行精细预报。

（2）风暴潮模型研究进展

除了海浪灾害，风暴潮也是辐射沙脊群海域经常出现的海洋灾害。国内外的研究学者围绕风暴潮数值预报已经开展了很多卓有成效的工作，但是由于南黄海辐射沙脊群海域地貌和水动力环境的复杂性，常用的风暴潮数值模型难以精确预报该海域的风暴潮灾害。首先，虽然波浪对近岸平缓岸坡地带风暴增水的影响已形成共识，但是具体数值预报时如何考虑波浪却是一个比较困难的事情，因此在预报模型中经常不考虑波浪模型的作用。其次，进行风暴潮预报时，风场的精度是关键之处，很多预报模型仅考虑对称的台风风场模型。从实测的资料来看，在某些台风过程中，当台风还在较远处时，该区域的增水已经有了明显的增幅。如果仅使用对称的台风风场模型，那么该现象就难以刻画（葛建忠，2007）。此处先回顾风暴潮模型的研究进展，而在随后篇幅中将继续介绍台风风场模型的研究现状。

风暴潮预报可以分为经验统计预报和动力-数值预报两种方法（冯士筰，1982）。经验统计预报方法是指依据有关的气象和水文历史资料，利用回归分析和统计相关等方法，建立大气扰动力（如海上的风和气压）和特定地点风暴增水之间的直接经验关系。该方法具有操作简便和结果合理的特点，但由于其对历史气象和水文实测资料具有较强的依赖性，在缺乏长期历史资料的区域，该方法不稳定，甚至无法使用（冯士筰，1982）。因此，现阶段动力-数值预报在风暴潮预报和研究中占据主要地位。数值预报方法包括诺模图方法和数值模型预报方法（王喜年，2002）。诺模图方法是利用风暴潮数值模型对假想台风事件进行计算，根据模型的输出结果绘制诺模图或表，然后根据某个发生台风的关键参数，从诺模图或表中查算出该台风过程引起的最大增水。该方法的弊端是不能再现风暴潮发生的时空变化特征，而这是风暴潮数值模型预报方法所能克服的（郭云霞，2020）。

风暴潮数值预报始于 20 世纪 50 年代（Kivisild，1954；Hansen，1956），主要在以下四个地区进行：西北欧大陆架地区、大西洋地区、孟加拉湾和西太平洋地区。随着计算机技术的进步，模拟与后报已几乎遍及世界上遭受风暴潮灾害的主要国家和地区（冯士筰，1998）。

欧洲北海地区的风暴潮数值预报研究最有成效，也最为深入（冯士筰，1998）。Heaps（2009）于 1967～1982 年在北海和北大西洋做了大量有关风暴潮的研究工作，形成了完整的数值预报体系，并研发了二维风暴潮数值预报模型 Sea-Model，为英国温带风暴潮数值预报业务奠定了基础（冯士筰，1998）。其中，最突出的贡献为 1969 年提出的二维全流线性模型（Heaps and Proudman，1969），此模型是一种线性叠加的预报模型，即将潮汐和风暴潮计算结果减去纯潮汐计算值后，再加上当地的预报值，从而确定整体潮位值（Rossiter，1961）。随着研究的深入，发现天文潮与风暴潮之间是一种非线性关系，尤其是在近岸浅水区域这种非线性关系更为明显，若简单地处理为线性叠加，将造成极大的潮位误差，因此天文潮与风暴潮之间的非线性相互作用也受到了广泛关注，较早的工作有 Rossiter 和 Lennon（1968）关于泰晤士河口的研究。此外，Prandle 和 Wolf 等也做了大量的工作（Prandle and Wolf，1978a，1978b；Wolf，1978，1981），但此时大多数工作是以河流或半封闭海域为研究对象，在开阔海域，由于外海边界条件不易获取，限制了这方面工作的开展（冯士筰，1998）。Watson 和 Johnson（1999）开发了二维风暴潮数值模型 TAOS，随后将其发展为可以进行三维计算的模型，在该模型中，首次出现了湍流能量封闭和坐标变换，进一步推动了风暴潮数值模型的发展。

大西洋沿岸地区很多风暴潮模型都是针对美国东部较直海岸线设计的，该区域的风暴潮数值预报工作以 Jelesnianski（1972）的工作为代表（冯士筰，1998）。Jelesnianski 建立了世界上第一个用于查算一次台风过程最大增水的诺模图方法 SPLASH，该方法成为当时美国预报风暴潮的主要方法，且以它为基础的模型在世界范围内得到了广泛的应用。随后，Jelesnianski 等（1992）又在 SPLASH 的基础上发展出了新一代二维流体力学的风暴潮预报模型 SLOSH（sea，lake，and overland surges from hurricanes），该模型的计算域采用扇形极坐标网格来描述，主要用于计算二维风暴潮，以及确定区域的最大风暴增水分布。这一模型能够较好地预报海上、陆上及湖上的台风风暴潮，在防灾预报中发挥着重要的作用，是美国国家最新一代飓风风暴潮预报模型（徐亚男，2012）。

国内的风暴潮工作者自 20 世纪 60 年代始致力于风暴潮机制和预报的研究（Liu and Wang，1989）。以冯士筰院士为代表的科研团队系统地研究了风暴潮的概念、理论和数值预报模型，建立了超浅海风暴潮理论（秦曾灏和冯士筰，1975），并于 1982 年编著了国内第一部关于风暴潮机制和预报的专著《风暴潮导论》。此外，王喜年等（1991）建立了一个考虑非线性影响的二维台风风暴潮 FbM 模型，覆盖中国沿海五个区块。FbM 模型在 20 世纪 90 年代台风风暴潮防灾预报中发挥了重要作用，至今仍具有很强的可操作性（王喜年，2002）。

目前，全球范围内应用较广的风暴潮数值模型主要有基于结构化网格的 Delft3D（荷兰）、ROMS（美国）（Shchepetkin and Mcwilliams，2005）、POM（美国）（Blumberg and Mellor，1987）和它的商业版 ECOM-si（美国）（Blumberg，1994），以及基于非结构化网格的 ADCIRC（美国）（Luettich et al.，1992；Westerink et al.，1993，1994；Blain et al.，1994）、FVCOM（美国）（Chen et al.，2003）和 MIKE 21（丹麦）。下面着重介绍 ADCIRC。

ADCIRC 由美国北卡罗来纳州立大学和海洋科学研究所的 Luettich 教授及圣母大学的 Westerink 教授联合开发，适用于海洋、海岸、河口等跨尺度区域及复杂岸线地区的水动力计算。根据诱发风暴潮的大气扰动，通常可以将风暴潮分为由热带气旋（如台风、飓风等）所引起的、由温带气旋所引起的及中国渤海、黄海所特有的没有气压中心的温带风暴潮；根据产生风暴潮的水域的特征，则可以将风暴潮分为位于广阔海域、位于封闭海域或大湖和半封闭海域或海湾的风暴潮（沙文钰等，2004）。目前，ADCIRC 在以上各种风暴潮类型的数值模拟中均有广泛应用（表 1.3）。

表 1.3 ADCIRC 的应用实例

大气扰动类型	海域类型		国家或地区
热带风暴潮	广阔海域	西北太平洋	韩国（Choi et al.，2019）
		东海	杭州湾（郑立松，2010）
			瓯江口（郭洪琳，2011）
		美国东海岸	佛罗里达州东海岸（Bacopoulos et al.，2012）
			切萨皮克湾（Demirbilek et al.，2005）
			路易斯安那州海岸（Winer and Naomi，2005）
			南卡罗来纳州海岸（Dietsche et al.，2007）
	封闭海域或大湖和半封闭海域或海湾	阿拉伯海（Fritz et al.，2010）	
		墨西哥湾	得克萨斯州海岸（Edge et al.，2005）
温带风暴潮	广阔海域	渤海、北黄海	天津市海岸（Feng et al.，2012）

（3）台风浪模型研究进展

根据波浪的求解方式可将现有的波浪模型分为两类（吕祥翠，2014）：一类是基于质量及动量守恒方程求解波浪运动的位相解析模型，即时域模型，包括 Boussinesq 类方程模型（李孟国等，2002）、基于波势理论的缓坡方程模型（李孟国和蒋德才，1999）和基于 N-S 方程的非静压方程模型，这一类模型把海面波动表述为关于时间的函数，在时空上重构了海面高程；另一类则是基于波作用量守恒方程求解波浪运动的位相平均模型，即频域模型，又称波浪谱模型，这类模型描述了波浪能量谱或作用量的演变，用统计的方法描述波浪场，获得有效波高、谱峰周期、波长等波浪参数（韩飞，2017）。

基于能量平衡的波浪模型能够描述各种物理过程，如风生浪作用、波浪破碎、底摩擦耗散、波-波相互作用等（但不考虑波浪的绕射作用），用不同的源函数表示，有效地简化了波浪场的动力学，同时没有空间和时间的限制，可以进行大尺度、长时间的模拟（沙文钰等，2004）。此类模型最大的弊端是不能有效反映近岸的波浪反射和绕射效应，对局部波浪场的模拟精度有待提高，但总体来说，无论是从计算精度，还是从计算时间上考虑，基于能量平衡的波浪模型仍然是大尺度波浪场模拟的首选（韩飞，2017）。该类模型到目前为止已经发展到第三代。第三代模型对于风浪和涌浪都考虑了非线性相互作用，采用参数化计算，同时采用事先规定的谱型来限制谱出现的不稳定区域。最具有代表性的第三代波浪模型是 WAM（Group，1988）和 WAVE WATCH（Tolman，1991），它们主要用于全球尺度、大洋尺度波浪场的计算（沙文钰等，2004）。荷兰代尔夫特理工大学在 WAM 的基础上针对近岸波浪的特点，添加描述浅水波浪变形的源项，建立了适合近岸波浪计算的模型 SWAN（Booij et al.，1996）。SWAN 海浪数值模型的主要特点为：①能够在笛卡儿坐标系和球坐标系下以矩形网格、曲线网格及非结构化网格进行数值计算，并且能够方便地进行嵌套，与 WAVE WATCH 等深海尺度波浪模型有很好的接口，适用于大、中、小水域，以及深水、过渡水深和浅水情况；②以不规则谱型的方向谱表示随机波浪，与真实海浪较为接近；③计算模型不要求闭合边界条件，只需选择适当的计算域边界，就能获得理想的模拟结果；④合理地包含了波浪折射和破碎、底摩擦、白浪、非线性效应及风能输入等物理过程；⑤对复杂流场、风场及地形的适应性较强（王殿志等，2004；郑立松，2010）。

（4）波流耦合模型研究进展

近岸区波浪传播受到潮流（如水位和流速）的影响，波浪本身又会产生近岸潮流的驱动力，因此近岸波流存在耦合作用（纪超，2019）。波流耦合数学模型能够描述波浪和潮流之间动量、能量的交换过程，以及波浪和潮流相关物理量间的相互制约关系，目前已成为解决波流耦合问题的重要方法（杨静思，2012）。

波流耦合数学模型大致可分为两类：第一类是基于对波浪进行时间解析的 Boussinesq 方程模型或 N-S 方程模型，波浪和水流的耦合运动可以通过这些方程同时求解，此类模型能够较为准确、精细地模拟波浪传播，并且可以直接考虑波流的相互作用，但其计算量较大，应用于解决实际工程问题尚存在一定困难；第二类模型则是基于周期平均的水动力方程（如浅水方程或 N-S 方程）与求解波浪运动的方程，在通过波浪方程求解出波浪场后，在水动力方程中考虑辐射应力或涡旋力作用，用以描述波浪对水流的影响。第二类模型相比第一类模型计算效率更高，目前被广泛应用（纪超，2019）。

第二类模型按照耦合方式可以进一步分为单向耦合模型和双向耦合模型

（表 1.4）。单向耦合模型只考虑波浪对水流的作用，主要基于经典辐射应力理论建立。然而，实际上波浪与水流的作用是相互的。因此，为了充分考虑波浪与水流的相互作用，需要建立双向耦合模型，关键在于实现水动力模型和波浪模型的数据交换。目前主要的数据交换方法有三种：第一种方法是离线耦合，即先计算波浪模型，将结果作为水动力模型的输入文件，然后将流场的计算结果返还给波浪模型，如此反复迭代，实现波流双向耦合，如 ADCIRC+SWAN（Dietrich et al.，2011），该方法的优点是实现起来较为简单，但是计算过程相对烦琐；第二种方法属于实时耦合，将两个模型的程序整合到一起，在程序内部实现数据交换，如 FVCOM+SWAVE（Qi et al.，2009）、FVCOM+SWAN（Zheng et al.，2017），该方法能够保证较高的数据通信效率，但需要对原始水动力模型和波浪模型程序代码做较大改动，特别是当模型的版本更新后，该方法需要重新修改大量的代码来实现新版本模型的耦合，因此实施起来是比较复杂的；第三种方法也属于实时耦合，是让水动力模型与波浪模型各自运行，采用耦合器进行数据交换，如 ROMS+SWAN（Warner et al.，2008），ADCIRC 和 SWAN 也可通过耦合器进行耦合（Feng et al.，2016），该方法不如第二种方法的通信效率高，但相对容易实现，且对版本更新的适应性较好（纪超，2019）。

表 1.4 部分国内外波浪-潮流耦合模型

耦合方式	同步性	维数	潮流模型	海浪模型
单向耦合	不同步	一维	一维潮流模型	一维波浪模型（van Rijn and Wijnberg，1996；Ruessink et al.，2001）
		二维	ADCIRC	SWAN（Cobb and Blain，2002）
		三维	CH3D	SWAN（Sheng and Liu，2011）
双向耦合	离线耦合	二维	二维风暴潮模型	YWE-WAM（林祥等，2002）
			ADCIRC	SWAN（Dietrich et al.，2011）
		三维	三维水动力模型	REF/DIF（Xie，2012）
	实时耦合	二维	二维潮汐-涌浪模型	SWAN（Kim et al.，2008）
		三维	FVCOM	SWAN（Qi et al.，2009；Niu and Xia，2017；Zheng et al.，2017）
	实时耦合（耦合器）	二维	ADCIRC	SWAN（Feng et al.，2016）
		三维	POM/ECOM-si	WW3（黄立文等，2005）
			ROMS	SWAN（Warner et al.，2008）

（5）台风模型研究进展

风暴潮是风应力和气压梯度力作用下的强迫运动，因此风暴潮数值模型计算必须给出每个格点的风应力值和气压梯度。就台风而言，目前尚不可能靠实测获取这些值，必须采用气象模型。因此，气压场和风场模型的优劣直接关系到风暴潮模拟的精度（王喜年，1986）。

台风气压场模型可分为理论模型、经验模型和半理论半经验模型三大类。由于经验参数的确定困难，目前理论模型应用较为广泛，常见的理论模型包括Bjerknes 模型（臧重清，1977）、高桥模型（高桥浩一郎，1939）、藤田模型（Fujita，1952）、Myers 模型（Myers，1957）和 Jelesnianski 模型（Jelesnianski，1965）等。这类模型计算方便，但未能考虑台风气压场的不对称性，具有较大的局限性（廖丽恒等，2014）。经验模型主要有 Holland 模型（Holland，1980）。1980 年，Holland 在 Schloemer 模型的基础上，利用梯度风关系提出了 Holland 模型。该模型开创性地引入了 Holland 气压剖面参数 B，增强了模型的适用性，一经提出就得到了极广泛的应用。Willoughby 和 Rahn（2004）利用实测数据验证了 Holland 模型。半理论半经验模型则主要有盛立芳和吴增茂（1993）的椭圆气压模型。

目前国内外常用的台风风场计算基于梯度风原理（廖丽恒等，2014），一般有两种方法：一种基于风廓线经验函数，即假定台风海面风场呈某种规律分布，且与最大风速和最大风速半径等参数相关，从台风要素直接推算风场，如 Rankine模型（陈孔沫，1994）、Jelesnianski 模型（Jelesnianski，1965）、Miller 模型（Miller，1967）等；另一种基于气压分布模型，即通过气压场模型由台风要素给出台风气压，再由极坐标形式的地转风方程或梯度风方程计算台风域中的中心对称风场（陈洁等，2009）。后者得到的风场精度较高，因此在台风风暴潮、台风浪的研究中广泛采用。

另外，实际的台风是不断移动的，在移动过程中受科氏力影响一侧的风力较大，其风场具有不对称的特征。台风风场的模拟中，为了反映出风场的不对称性，常把台风看作台风静止时中心对称的梯度风与台风中心以某一速度移动时产生的移行风场（即环境风场）的矢量和（陈洁等，2009）。目前移行台风的非对称风场模型主要有宫崎正卫模型、Jelesnianski 模型、上野武夫模型及程志强考虑摩擦效应的合成风模型（Miyazaki et al.，1962；Ueno，1964；程志强和余灿花，1994）。

近年来，随着计算机技术的快速发展，复杂的三维中尺度大气模型开始被应用于计算强海况条件下的海浪、海流和风暴潮。目前，在国际上应用较广的为中尺度数值预报（MM5）模型（Chen et al.，2007）和气象研究与预报（WRF）模型。三维大气模型能够考虑诸如环境风场、背景场和复杂的下垫面条件的影响，可以较好地解决台风影响期间高风速条件下因资料缺乏而忽略的一些气象要素的时空变化对台风发展和演变的影响的问题。但它往往需要给定高质量的三维初始场，并且计算量较大，因而应用范围有限（陈洁等，2009）。

（6）前期研究基础

本研究主要依托江苏省海涂研究中心（江苏省海洋环境监测预报中心）开展针对南黄海辐射沙脊群海域的海洋动力灾害预报技术研发。作为从事海洋环境监测、预报及海涂研究的公益性事业单位，江苏省海涂研究中心先后组织开展了江苏省近岸海域海洋环境质量状况与趋势性海域监测等18项公益性业务工作，获得了大量的海洋与渔业环境水质、沉积物、生物质量、生物生态等数据；2001～2015年连续15年编制了《江苏省海洋环境质量公报》；承担了"908专项"江苏近岸海域基础调查、南黄海辐射沙脊群调查与评价、江苏近岸重点海域环境质量评价课题；参与实施了"入海污染物总量控制和减排技术集成与示范""滨海电厂污染损害监测评估及生态补偿技术研究""海岸带区域综合承载力评估与决策技术集成及示范研究""南黄海辐射沙脊群空间开发利用及环境生态评价技术""富营养化污染实时速报和生态效应预警评估技术"等8项国家海洋公益性专项；主持完成国家科技支撑计划重大项目"海水滩涂贝类养殖环境特征污染物甄别及安全性评价标准研究"、江苏省科学技术厅"海洋生态安全监测预警关键技术集成研究及应用示范"等省部级科研项目10余项，为沿海开发、海洋管理、经济发展、环境保护提供了强有力的技术保障。此外，江苏省海涂研究中心拥有的海洋预报相关工作仪器设备100余台（套），初步构建的由卫星通信系统、网络系统、预报业务系统、数值预报系统、视频会商系统、声像制作发布系统等组成的江苏省海洋预报业务平台，以及进行江苏全省海洋环境常规预报、发布风暴潮和海浪等灾害预报日常任务等多种业务也为本研究的应用示范和成果转化提供了平台。

1.4 本书主要内容

《国务院关于加快培育和发展战略性新兴产业的决定》提出：集中力量突破一批支撑战略性新兴产业发展的关键共性技术。在生物、信息、空天、海洋、地球深部等基础性、前沿性技术领域超前部署，加强交叉领域的技术和产品研发，提高基础技术研究水平。《中华人民共和国国民经济和社会发展第十二个五年规划纲要》第十四章第二节强调：完善海洋防灾减灾体系，增强海上突发事件应急处置能力。国家重大战略需求的基础研究领域中也特别强调：加强中国近海海洋生态环境演变和海洋安全等领域的研究。2009年6月10日，国务院常务会议审议通过了《江苏沿海地区发展规划》，标志着江苏沿海开发正式上升为国家战略。该规划提出，把加快建设新亚欧大陆桥东方桥头堡和促进海域滩涂资源合理开发利用作为发展重点，建设我国重要的综合交通枢纽、沿海新型的工业基地、重要的土地后备资源开发区和生态环境优美、人民生活富足的宜居区，将江苏沿海地区建设成为我国东部地区重要的经济增长极。

因此，本项研究的总体目标为针对重点海域防灾减灾、海洋管理的需求，研究南黄海辐射沙脊群海域海洋水动力特征和机制，开发精细化海洋灾害预报系统和风暴潮漫堤灾害评估系统，构建海洋防灾减灾决策支持平台，全面提升该海域海洋防灾减灾的能力，为沿海开发和海洋管理提供技术支撑和决策服务。主要研究内容为以"观测-预报-决策"链条式业务化应用为基本原则，围绕南黄海辐射沙脊群海域海洋防灾减灾预报需求，研究海域复杂地形地貌和动力环境条件下的海洋精细化预报技术，建立海洋灾害的预报决策支持平台，并进行应用示范，具体如下。

其一，建立南黄海辐射沙脊群海域基础信息数据库。南黄海辐射沙脊群海域与国内其他地区相比，海洋台站稀少，海洋水文观测项目不全，基础信息缺乏，海况实时监测能力有待提高。2012 年前，江苏沿海有 7 个观测站，其中车牛山站以气象观测为主，连云港站以气象、波浪、潮汐观测为主，滨海站以波浪观测为主，新洋港站以气象观测为主，外磕脚站以气象观测为主，洋口港站以气象观测为主，吕四站以气象、潮汐观测为主。本项研究结合江苏海洋预报体系建设，在"十二五"期间建设多个海洋观测站点，组建海洋观测志愿船队。项目承担单位在南黄海辐射沙脊群海域建设 3 个桩基潮位站、浮标站和 2 个海洋观测平台，在灌云、大丰附近海域建设无人值守观测平台，同时建设江苏海域海洋观测志愿船10 艘以上。在项目实施期间收集南黄海辐射沙脊群海域地形地貌、水动力、气象、历史灾害等数据和资料，进行示范区高精度地形地貌测量和水动力调查、补测。通过观测平台、潮位站、浮标系统和海洋观测志愿船采集现场数据，利用卫星通信、移动通信等手段获取实时观测资料，建立该海域的基础信息数据库、海洋灾害数据库、实时海况数据库，分析该海域海洋灾害的特点及发生规律。

其二，建立南黄海辐射沙脊群海域风暴潮精细化预报系统。风暴潮精细化预报系统充分考虑影响风暴潮预报精度的各项因素和物理过程，主要包括精确的地形数据、近岸海浪和风暴潮的耦合作用、海堤对风暴潮的影响等。结合辐射沙脊群附近水深、岸线及海堤等基础地理信息数据，进行标准化处理，基于非结构化网格 ADCIRC 模型，建立适用于辐射沙脊群海域的精细化风暴潮数值预报模型，实现对风暴潮的精细刻画，最高分辨率达到 100m。通过对历史上典型风暴潮过程的后报模拟，采用附近海洋站等的观测资料，不断调整优化模型运行参数，使模型的性能更加优良。按照一定规则，派生出不同的台风路径，实现系统的集合预报，同时生成集合预报相关产品。通过在示范区业务化运行，检验系统的可靠性，并依据业务化运行结果进一步改进和完善。

其三，开发南黄海辐射沙脊群海域海浪精细化预报系统。海浪精细化预报系统以国际上第三代浅水波浪数值模型 SWAN 为基础，考虑水深、地形、潮位对近岸浪的影响，以及波浪折射和绕射、浅水效应、波浪破碎、非线性波-波相互作用、底摩擦、近岸流等多种物理过程，采用非结构化网格精确刻画示范区的复杂岸线、水深与地形，建立近岸浪精细化数值预报系统。分别选取台风、温带气旋、寒潮大风等不同的天气系统进行后报检验，以确保模型对不同系统下海浪预报的适用性。采用外海浮标、附近海洋站等的观测资料对模型进行后报检验和预报实验，通过参数比选和优化建立适合于南黄海辐射沙脊群海域的精细化海浪数值预报系统，提供海浪有效波高、波向、周期等要素的预报产品，为防御海浪灾害提供技术支持。通过在辐射沙脊群海域业务化运行，检验系统的可靠性，并依据业务化运行结果进一步改进和完善。

其四，建立南黄海辐射沙脊群海域风暴潮漫堤灾害评估系统。风暴潮漫堤灾害评估系统分为土地、社会、经济、生态、抗灾等相关子系统。根据南黄海辐射沙脊群大丰港海域的特点选取合适的评估子系统，计算出不同增水的风暴潮漫堤后淹没的土地面积和对人口、经济、交通、水域、绿地的影响。通过该评估系统可以计算出不同程度的风暴潮灾害对该海域造成的损失情况，为人员撤离、防灾减灾物资调配和工农业整体布局提供技术支撑。

其五，构建南黄海辐射沙脊群海域防灾减灾决策支持平台及应用示范。运用地理信息系统（geographic information system，GIS）技术，集成南黄海风暴潮、海浪灾害预报系统和风暴潮漫堤灾害评估系统，构建南黄海辐射沙脊群海域防灾减灾决策支持平台，实现全方位地理信息与海洋灾害预警信息的展示和综合集成，重点在南黄海辐射沙脊群大丰港及其邻近海域开展应用示范。

为了完成上述五大研究任务，在研究工作中，技术团队首先通过海洋观测台站、浮标、卫星、雷达和海洋观测志愿船获取实时气象和海洋水文要素信息，同时通过实地勘察测量和资料收集的方式获取地形与历史灾害信息，在此基础上建立南黄海辐射沙脊群海域基础资料数据库。在完备的气象、水文和海底地形数据的基础上，建立风暴潮和海浪精细化预报系统。同时，通过数据同化技术运用实时观测数据修订预报结果，进一步提高预报精度。最终，建立基于南黄海辐射沙脊群海洋精细化预报系统和辐射沙脊群海域风暴潮漫堤灾害评估系统的防灾减灾决策支持平台并进行应用示范（图 1.3）。对应五大研究任务，技术团队分别采用的技术方法和研究手段如下。

其一，南黄海辐射沙脊群海域基础信息数据库建立方面，收集南黄海辐射沙脊群海域已有地形地貌、水动力、气象、历史灾害等数据和资料，进行示范区高精度地形地貌和水动力调查。同时，利用观测台站、卫星、雷达、浮标和海洋观测志愿船采集现场数据，通过卫星通信、移动通信等手段获取实时观测资料，分析该海域海洋灾害的特点及发生规律。

其二，南黄海辐射沙脊群海域风暴潮精细化预报系统建立方面，风暴潮精细化预报系统基于非结构化网格 ADCIRC 模型，实现对风暴潮的精细刻画，最高分辨率达到 100m。按照一定的规则，派生出不同的台风路径，实现系统的集合预报，同时生成集合预报相关产品。通过在示范区业务化运行，检验系统的可靠性，并依据业务化运行结果进一步改进和完善。海浪精细化预报系统以国际上第三代浅水波浪数值模型 SWAN 为基础，考虑水深、地形、潮位对近岸浪的影响，以及波浪折射和绕射、浅水效应、波浪破碎、非线性波-波相互作用、底摩擦、近岸流等多种物理过程，采用非结构化网格精确刻画示范区的复杂岸线、水深地形，建立近岸浪精细化数值预报系统。

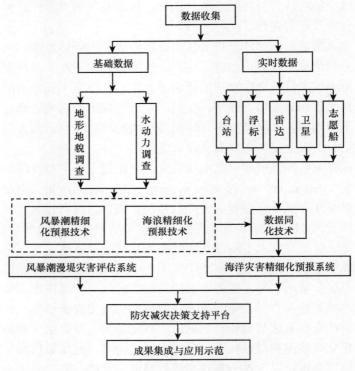

图 1.3　技术路线图

其三，南黄海辐射沙脊群海域风暴潮漫堤灾害评估系统建设方面，根据南黄海辐射沙脊群大丰港海域的特点选取合适的评价因子，计算出不同增水的风暴潮漫堤后淹没的土地面积和对人口、经济、交通、水域、绿地的影响。通过该评估系统可以计算出不同程度的风暴潮灾害对该海域造成的损失情况，为人员撤离、防灾减灾物资调配和工农业整体布局提供技术支撑。

其四，南黄海辐射沙脊群海域防灾减灾决策支持平台构建及应用示范方面，建立基于风暴潮、海浪灾害预报系统和风暴潮漫堤灾害评估系统的南黄海辐射沙脊群海域防灾减灾决策支持平台，并选择南黄海辐射沙脊群大丰港及其邻近海域作为应用示范区。

技术团队综合利用上述研究思路和技术手段，较好地完成了五大研究任务，实现了既定研究目标，以下第 2～7 章将逐个详细论述获得的研究成果，并在第 8 章总结主要研究成果与创新。

第2章

海洋灾害基础信息数据库

本章首先简要介绍海洋灾害基础信息数据库,包含数据库框架、实时和历史数据库等,并介绍基于信息数据库进行的历史海洋灾害统计与演变规律分析等工作。

2.1　数据库框架与构建

基于南黄海辐射沙脊群海域的海洋台站稀少、海洋水文观测项目不全、基础信息缺乏等观测数据匮乏的现状，在"十二五"期间，江苏省相继自主建成 12 个海洋观测站点并投入运行，用于开展水文、气象、水质生态等要素的观测。这些站点分别为：大丰港、灌河口、太阳沙、毛竹沙 4 个海洋观测平台，黄沙洋、西洋、苦水洋 3 个 3m 海洋观测浮标，射阳、前三岛 2 个 10m 海洋观测浮标，以及黄沙洋、西洋、苦水洋 3 个潮位站。

由于海洋观测的数据量庞大、时效性强，为便于集中管理和分析，为后续研究提供高效的数据支持和服务，结合已建成的海洋观测志愿船，并收集南黄海辐射沙脊群海域的地形地貌、水动力、气象、历史灾害等数据和资料，利用卫星通信、移动通信等手段获取观测平台、潮位站、浮标系统和海洋观测志愿船等实时观测资料，建立该海域的基础信息数据库、海洋灾害数据库、实时海况数据库，分析该海域海洋灾害的特点及发生规律，为统筹管理江苏省海洋观测数据，提升江苏省海洋防灾减灾服务保障能力，建立高效的运行机制，强化海洋观测为海洋经济发展、海洋行政管理、社会发展需求、人民生活和海洋防灾减灾服务的能力发挥积极的作用。

海洋灾害基础信息数据库涉及的关键技术主要有以下三项。

（1）GIS 技术

地理信息系统（geographic information system，GIS）技术是近年迅速发展起来的一门空间信息分析技术，在信息应用领域中，它发挥着技术先导的作用。它主要用于地理分布、空间分析，其最主要的功能可分为八点：第一，存储和管理海量空间数据，满足矢量、影像等多种数据资源一体化和集中管理；第二，系统属性数据采用 ADO.NET 方式连接；第三，采用定位消息中间件技术实现各种实时信息接入，保证将接入的信息无差错、快速准确、主动地到客户端和相应的用户，对于视频信息主要采用 URL 方式连接；第四，地理信息共享与服务平台可以直接通过网络实现政务地理信息的共享和综合利用；第五，为实现多层体系架构及保证系统的兼容性，B/S 以 .NET 体系结构建设为主，WebGIS 在 .NET 环境中运行，可以在 Windows 系列平台上运行，满足大用户、稳定性要求高的使用需求；第六，针对数据搜索与提取、地图渲染和处理等实现逻辑与物理分离，并采用扩展架构实施；第七，在 .NET 体系结构基础上采用动态 WebGIS 开发工具；第八，系统服务模式采用重客户端模式，系统从数据库提取图形服务后，数据以 GML 格式临时存储于客户端，数据处理与分析在客户端进行，有效降低网络压力，加快系统的访问及处理速度。

（2）RIA 技术

富互联网应用（rich internet application，RIA）技术是集桌面应用程序最佳用户体验、Web 应用程序的快速低成本部署及互动多媒体通信的实时快捷于一体的新一代网络应用程序。客户端应用程序使用异步客户/服务器架构连接现有的后端应用服务器，这是一种安全、可升级、具有良好适应性的新的面向服务模型，这种模型由采用的 Web 服务所驱动，结合了声音、视频和实时对话的综合通信技术，使 RIA 具有前所未有的高度互动性和丰富的用户体验，为用户提供更全方位的网络体验。RIA 技术的使用，能够将数据缓存在客户端，从而实现比基于 HTML 的响应速度更快且数据往返于服务器的次数更少的用户界面，加强用户的体验，提高页面访问的效率。

（3）.NET 技术

为了充分满足系统在安全性、跨平台性、可移植性、易扩展性、易维护性等方面的要求，采用 ASP.NET 技术进行开发。对数据库访问使用 ADO.NET 方式，该技术简化了数据库的访问，并且能够在数据库访问结束后实时断开数据库，释放数据库系统资源。系统构建于 B/S 三层应用体系结构之上，并采用 XML 编程技术和面向对象的程序设计方法，将复杂的业务逻辑、流程控制逻辑和数据存取逻辑在不同的技术层面上实现，在应用服务器之上，实现业务逻辑的快速部署和灵活调整，充分保证数据库系统的安全可靠访问。

利用上述关键技术，技术团队以图 2.1 所示的技术路线，逐步建立起南黄海辐射沙脊群海洋灾害基础信息数据库。

2.2 基础信息收集

按照图 2.1 所示的技术路线，南黄海辐射沙脊群海洋灾害基础信息数据库建立的第一步便是基础数据的收集。技术团队首先赴江苏省测绘工程院和沿海有关市、县就项目中涉及的海洋灾害数据、海洋环境数据及地理信息数据进行了调研和收集。收集的海洋灾害数据主要包括两项内容：一是 2008～2013 年江苏沿海 14 个县的年、季、月海洋灾害统计数据，具体灾害信息主要有风暴潮、海浪、赤潮等海洋灾害引起的受灾人口、房屋受损情况、水产养殖受灾面积、船只损坏情况、海岸基础设施损坏情况、海上工程设施损坏情况等；二是 1945 年至今的所有台风灾害信息数据。同时，收集的海洋环境数据主要包括：江苏省海域的国家海洋台站和江苏省自主建设的潮位站、浮标及海洋观测平台的气象、水文和水质观测数据，主要包括气温、气压、能见度、降水量、实时风速风向、潮位、波高、波向、波周期、海温、盐度、浊度等要素。此外，收集整理了地理信息数据，包括全球常规地图、卫星影像地图、地形地图等形式的地图，海岸区域常规地图与卫星影像地图比例尺达 1：3000，同时附加 250m×250m 格点的高程数据。对上述收集到的基础数据，进行质量控制和数据整合并将其纳入基础信息数据库。

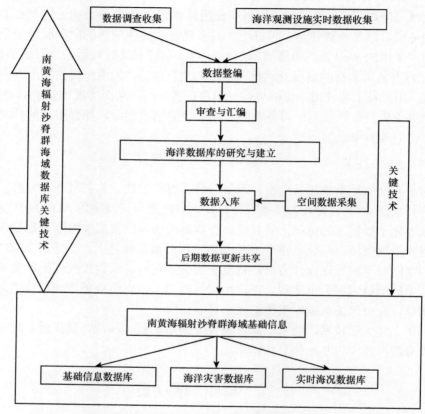

图 2.1　南黄海辐射沙脊群海洋灾害基础信息数据库的技术路线图

2.3　实时海况数据库建设

　　根据江苏沿海目前已建成的观测设施，结合江苏省海洋防灾减灾业务工作需求，技术团队基于收集到的基础数据，进一步设计并建立了南黄海海域实时海况数据库（图 2.2）。该数据库实现了将江苏省自主建设的 3 个潮位站、3 个 3m 海洋观测浮标和 4 个海洋观测平台的气温、气压、能见度、降水量、实时风速风向、潮位、波高、波向、波周期、海温、盐度、浊度等观测数据整合入库，并进行数据分析和统计，对各个终端和系统运行情况进行监控和通过 GIS、图表等形式实时地表现观测数据。

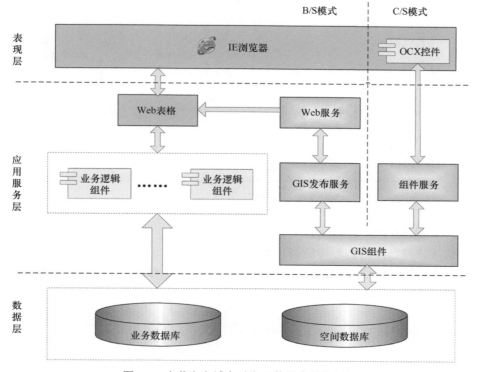

图 2.2　南黄海海域实时海况数据库总体框架

该数据库系统基于.NET 集成开发平台和 Oracle 11g 数据库，采用 B/S 与 C/S 相结合的混合架构体系进行开发。其中，业务系统主要是台风数据信息发布、防灾减灾辅助决策及数据维护和数据查询等，这类系统采用 B/S 模式；而台风数据的采集和 GIS 平台的管理维护、海洋防灾减灾数据库数据录入和管理、海洋灾害预报统一平台对系统的操作要求比较复杂、要处理的数据量比较大，因此这类系统采用 C/S 模式。系统建设以 B/S 模式为主，以 C/S 模式为补充，这样既能降低系统的维护成本，同时又能满足系统实现理想效果的特殊功能的需要。以下对该实时海况数据库进行详细介绍。

（1）运行环境（拓扑环境）

系统运行在局域网内，已经具备了包括安全与路由设备在内的网络环境，同时各路观测终端接收物理装置已经连接局域网（或可以通过路由器连接局域网）。系统理想运行网络拓扑示意图见图 2.3。系统应用于 Windows XP/2003/7 等操作系统中，操作系统位数可为 x86 或 x64。客户端运行环境为.NET4.0，C/S 版本在安装时自带该环境。Oracle 数据库服务系统根据客户需要，可选择 Windows 或 Linux 操作系统。数据采集服务器需要配置多串口卡。

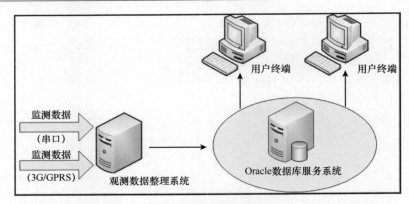

图 2.3　系统理想运行网络拓扑示意图

（2）业务流程

系统依据功能将核心模块划分为四大模块，各模块可以独立或组装形成一个应用软件。四大核心模块可实现数据采集与整理、运行监测与值班、数据表现与分析和数据对外服务四大功能（图 2.4）。

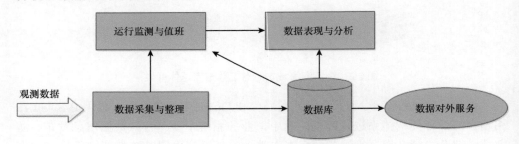

图 2.4　四大核心模块关系示意图

1）数据采集与整理：负责原始观测数据的收集、解析、质量控制与入库。

2）运行监测与值班：对采集系统各数据端口进行监控，对数据质量、数据库、浮标漂移等进行监控。

3）数据表现与分析：使用图表、仪表、地图等方式展现即时数据，统计分析数据。

4）数据对外服务：根据用户意愿，对外实现数据共享。

此外，该数据库系统还包含大量的非核心模块，如任务管理，身份权限、日志管理、容错机制等。

（3）软件模块划分

江苏海域实时海况数据库分为两个主要功能模块：一是数据采集模块，负责监听"江苏多参数浮标数据接收系统"软件的数据文件夹、国家站下发数据、"海洋观测综合平台系统"软件的数据文件夹，获取在线实时观测数据，同时将这些观测原始数据核验、整理入库；二是对这些入库数据进行二维图表展示。软件模块划分见表 2.1。

表 2.1　软件模块划分

主要模块	编号	模块概括	说明
数据采集	SPR1-1	原始数据采集	监听"江苏多参数浮标数据接收系统"软件的数据文件夹，获取浮标参数
	SPR1-2		监听国家站下发数据，获取国家站数据
	SPR1-3		监听"海洋观测综合平台系统"软件的数据文件夹，获取浮标参数
	SPR1-4	数据整理入库	原始数据核验、整理与入库
	SPR1-5		数据采集事件信号发送
	SPR1-6	数据阈值判断	数据源各类元站点属性管理
	SPR1-7		各大类数据源采集规则、地址管理
即时观测	SPR2-1	即时信息	要素仪表	使用工业仪表、图表等方式对各类要素进行实时展示
	SPR2-2		终端信息	显示终端基本信息、位置信息及 12h 和 24h 的平均信息
	SPR2-3		信息点查询	离线地理信息点查询，显示并标注到地图
	SPR2-4	基本地图信息	基本功能	使用 Google 离线地图技术，能使用常规地图、卫星影像地图、地形地图等
	SPR2-5			绘制江苏省行政、沿海市县、海洋分界等信息
	SPR2-6		地图工具	地图自定义标绘、距离测量等
	SPR2-7			高程计算，获取陆地与海洋海报数据，获取观测终端的高程信息
	SPR2-8		图层管理	地图图层管理，显示或隐藏图层，提供尽量多的图层信息
观测终端	SPR3-1	观测平台	实时要素	以仪表展示观测平台最新的 15 个时次的要素信息
	SPR3-2		详细信息	详细列出观测平台每个时次的各种要素信息
	SPR3-3		数据表格	以表格形式列出观测平台 15 个时次的所有数据信息
	SPR3-4	浮标	实时要素	以仪表展示浮标最新的 15 个时次的要素信息
	SPR3-5		详细信息	详细列出浮标每个时次的各种要素信息
	SPR3-6		数据表格	以表格形式列出浮标 15 个时次的所有数据信息
	SPR3-7	志愿船	实时要素	以仪表展示志愿船最新的 15 个时次的要素信息
	SPR3-8		详细信息	详细列出志愿船每个时次的各种要素信息
	SPR3-9		数据表格	以表格形式列出志愿船 15 个时次的所有数据信息
	SPR3-10	国家站	实时要素	以仪表展示国家站最新的 15 个时次的要素信息
	SPR3-11		详细信息	详细列出国家站每个时次的各种要素信息
	SPR3-12		数据表格	以表格形式列出国家站 15 个时次的所有数据信息

续表

主要模块	编号	模块概括	说明
监控中心	SPR4-1	数据库监控	对 Oracle 数据库服务系统的各种状态进行监控，保障 Oracle 数据库服务系统正常运行。通过仪表、图表等对数据库运行状态进行展示
	SPR4-2		观测数据库自动运行的任务运行状态
	SPR4-3	实时监控拓扑	对实时数据源接口状态进行监控，保证软件的正确运行
	SPR4-4		实时展示监控状态，对异常状态进行预警展示
	SPR4-5	国家站	实时检测不同设备的数据采集状态，包括数据异常、物理接收异常等
	SPR4-6	数据采集状态监测	通过图表展示数据的接收状态，确保信息展示明了
	SPR4-7		历史监控数据查看，查询历史数据异常信息，多条件组合查阅
	SPR4-8		数据监控异常日志查看，显示详细的异常信息和原因，可多条件组合查阅
工具集合	SPR5-1	数据统计	统计数据库信息
	SPR5-2	国家台 MDB 导入	将国家台历史 MDB 数据导入数据库
	SPR5-3	国家台 PHM 导入	将国家台 PHM 文件导入数据库
	SPR5-4	浮标 MDB 导入	将浮标 MDB 文件导入数据库
	SPR5-5	地图更新	更新离线地图到数据库
	SPR5-6	信息点更新	更新地图信息点信息
	SPR5-7	经纬度转换	利用经纬度转换工具，从度分秒转换到度
	SPR5-8	高程查询	根据经纬度查询高程
	SPR5-9	天文潮查询	查询某个站点的天文潮数据
	SPR5-10	天文潮导入	导入天文潮数据
	SPR5-11	工具管理	管理工具集合
系统相关	SPR6-1	数据共享	共享任务	查看共享任务的运行情况
	SPR6-2		共享设置	进行共享任务规则设定
	SPR6-3	用户管理	用户列表	查看所有用户的用户信息，进行编辑和新增
	SPR6-4		修改密码	修改当前用户密码
	SPR6-5		添加用户	增加一个新的用户
	SPR6-6	日志查询	用户日志	记录所有用户的所有操作日志，支持历史查看和多条件组合过滤
	SPR6-7		系统日志	查询系统运行的情况，记录系统运行状态和异常原因
	SPR6-8	系统设置	锁定软件	锁定软件，对软件进行锁定运行

主要模块	编号	模块概括		说明
系统相关	SPR6-9	系统设置	软件设置	设置软件基本信息，包括地图界面基本信息、界面名称等
	SPR6-10		用户手册	帮助文档，对软件的操作帮助解释
	SPR6-11		更新检查	检查软件版本，并进行软件更新
	SPR6-12	软件相关	联系我们	提供软件开发商的基本信息
	SPR6-13		关于软件	提供软件的基本信息，包括软件名、软件开发商和软件版本
	SPR6-14		关闭所有	关闭所有软件界面
	SPR6-15	窗体相关	横向平铺	横向平铺所有打开的界面
	SPR6-16		纵向平铺	纵向平铺所有打开的界面
	SPR6-17		层叠放置	层叠放置所有打开的界面

2.4　历史海洋灾害统计与演变规律分析

基于上述研究目标的要求，为全面提升南黄海辐射沙脊群海域的海洋防灾减灾能力，为沿海开发和海洋管理提供技术支撑和决策服务，在海洋灾害调查的基础上，进一步收集、整理研究区域的相关文献资料，开展了南黄海辐射沙脊群海域海洋灾害统计分析和演变规律研究，主要包含以下方面。

（1）热带气旋

根据统计分析，热带气旋对南黄海辐射沙脊群海域的影响一是热带气旋本身，二是热带气旋与西风带系统的共同作用。影响江苏海域的热带气旋的源地 89%位于菲律宾以东的西太平洋洋面，6%位于南海海面，其余 5%的源地纬度较高，位于琉球群岛附近。热带气旋往往引起狂风巨浪和严重的风暴增水，给人民生命财产和沿海经济发展造成重大损失。对南黄海海域产生影响的热带气旋年平均有 2.3 个（1981～2010 年的平均值），1951～2014 年，最少的年份有 1 个，最多的年份有 8 个（图 2.5）。造成 6 级以上大风的热带气旋平均每年有 2.5 次，主要集中在 7～9 月。影响该海域的热带气旋的路径（图 2.6）主要有登陆北上型、登陆消失型、正面登陆型、近海活动型和南海穿出型五类。

（2）风暴潮

风暴潮是南黄海辐射沙脊群海域主要的海洋灾害之一，沿海每年均会遭遇数次不同程度的风暴潮灾害侵袭，风暴潮、天文潮和近岸海浪共同作用更可酿成严重灾害。若风暴潮高峰时恰好和天文大潮相遇，两者潮势叠加，会使水位暴涨，导致特大风暴潮灾害的发生。统计 1949～2013 年南黄海海域发生的几次严重风暴潮灾害时，发现其主要是受台风影响所致，如 1951 年第 16 号台风、1956 年第 22 号台风、

1974 年第 13 号台风、1976 年第 8 号台风、1981 年第 14 号台风、1992 年第 16 号台风、1997 年第 11 号台风等。在南黄海，受风暴潮灾害影响严重的岸段位于如东小洋口至长江口北岸。同时，该岸段也是我国风暴潮成灾率较高，灾害较严重的四处岸段之一。根据已有的海岸带调查资料，1950～1981 年影响南黄海海域的台风累计 99 次，其中 94 次影响沿海地区；有重大影响的台风，南通市岸段出现 8 次，占总数的 23.5%，盐城市岸段出现 6 次，占总数的 17.6%。射阳河口、吕四等 7 个海洋站的资料显示，1971～1981 年造成 1.5m 以上增水的台风有 13 次，造成增水 2.0m 以上的有 6 次，造成增水 1.0～1.5m 的有 20 次。该沿海台风风暴潮出现的次数 20 世纪 90 年代以后较 80 年代呈明显增多的趋势，造成的损失也远远大于 80 年代。

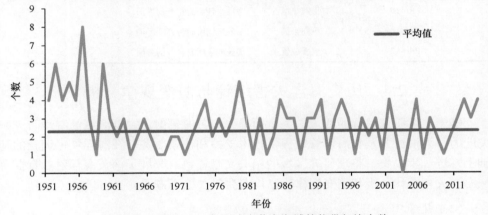

图 2.5　1951～2014 年影响南黄海海域的热带气旋个数

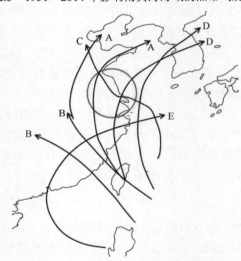

图 2.6　影响南黄海海域的热带气旋的路径图

A：热带气旋在浙、闽登陆后从渤海湾出海；B：热带气旋登陆后向西北向行进；C：热带气旋在长江口北登陆后向西北向行进；D：热带气旋北向后在朝鲜半岛登陆；E：热带气旋在珠江口登陆后在杭州湾附近出海

在南黄海辐射沙脊群海域，温带气旋、寒潮风暴潮灾害造成的损失虽然没有台风风暴潮灾害严重，但出现的次数明显多于台风风暴潮灾害。江苏辐射沙脊群海域的温带风暴潮主要出现在 8～10 月，尤以 9 月、10 月居多，温带风暴潮若和天文大潮叠加，即使是气旋或冷空气的强度较弱，也可能出现较明显的风暴增水。其中，2000～2013 年引起江苏沿海台风风暴潮过程的热带气旋的路径主要有沪、浙登陆型和近海北上型（韩雪和黄祖英，2015）。例如，2005 年第 9 号台风"麦莎"是典型的沪、浙登陆型台风，在浙江省玉环市干江镇登陆，影响期间正逢阴历七月大潮，受风暴潮和天文大潮的共同影响，沿岸有 10 多个站的风暴增水超过100cm，其中，江苏省直接经济损失 1.47 亿元，赣榆、灌云、东台、大丰、响水、滨海、射阳等县、市受灾人口 4.2 万，农作物受灾面积 330hm²，海洋水产养殖损失 0.43 万 t，受损面积 0.822 万 hm²，损毁房屋 17 间，损毁船只 21 艘；2011 年第 9 号台风"梅花"是典型的近海北上型台风，沿海监测到的最大风暴增水为159cm，发生在江苏省洋口港，增水超过 100cm 的站点还有江苏省吕四和浙江省乍浦等站，江苏省水产养殖受损面积 0.78 万 hm²，防波堤损毁 9.5km，道路损毁 12km，因灾直接损失 0.61 亿元。影响江苏省的温带风暴潮过程频繁发生，常发生于冬季和春、秋季。以连云港为例，1951～1996 年的 46 年间，连云港共出现 942 次 50cm以上温带天气系统增水，平均每年发生 20.5 次；100cm 以上增水全年每个月份均有发生，其中秋季频数最高，占总数的 40.8%；150cm 以上增水发生 2 次，均发生在11 月。1981～2014 年江苏沿海及相关海域特大台风风暴潮灾害见表 2.2。

表 2.2　江苏沿海及相关海域特大台风风暴潮灾害（1981～2014 年）

日期（年-月-日）	台风编号（或名称）	最大风暴增水（m）	发生地区	损失情况	
				死（伤）人数（人）	经济损失
1981-8-30～9-3	8114	2.18	苏、沪、浙沿海	53	数亿元
1992-9-16	9216	3.05	闽、浙、沪、苏、鲁、冀、津、辽沿海	280	92.6 亿元
1996-7-31～8-1	9618	2.25	苏、沪、浙、闽沿海	124	83.86 亿元
1997-8	9711	2.60	闽、浙、沪、苏、鲁、冀、津、辽沿海	254	267 亿元
2000-8-30	派比安	—	苏、沪、浙沿海	23（1040）	67 亿元
2000-9-12～9-15	桑美	—	苏、沪、浙沿海	—	33 亿元
2009-8-7～8-9	莫拉克	2.32	苏、浙、闽沿海	—	32.6 亿元
2011-8-5～8-8	梅花	1.59	鲁、苏、沪、浙沿海	—	3.10 亿元
2012-8-2～8-4	达维	1.78	冀、津、鲁、苏沿海	—	41.75 亿元
2012-8-6～8-9	海葵	3.23	苏、沪、浙沿海	—	42.38 亿元
2013-10-14～10-16	韦帕	1.40	苏沿海	—	0.12 亿元
2014-9-21～10-23	凤凰	0.73	苏、浙沿海	—	4.52 亿元

（3）灾害性海浪

南黄海台风浪过程虽然没有温带气旋、冷空气浪出现的频次高，但其造成的损失巨大。根据 1951～2014 年的数据资料，从南黄海正面登陆的台风虽然只有 4 个，其中 7 月 1 个、8 月 3 个，但不同程度地影响该海域的台风达近 200 个，主要集中在 5～10 月，受台风风暴潮和近岸海浪灾害的影响，基本上每年都会遭受不同程度的损失（表 2.3）。

表 2.3　风浪灾害损失统计

年份	受灾人口（万人）	农田淹没面积（万亩①）	海洋水产养殖受损面积（万亩）	损毁房屋（万间）	损毁海洋工程	损毁船只（艘）	死亡（失踪）人数（人）	直接经济损失（亿元）
1992	—	994	—	1.89	—	152	10	3.2
1996	23.0	0.26		0.57			2	4.36
1997	—	38	38	—	800km	110	10	30.0
2000	640.7	335.3	12.8	3.5	40 处 31km	—	9	56.1
2004						186	19	0.21
2005	4.20	0.033	12.33	0.0017		24		1.60
2007	11.0		21.03			1	3	0.59
2008	0.5	0	0.51	0	10km	10	0	0.08
2009	—	0	30.09	0	40km	186	2	0.97
2011			11.7		9.5km	0	0	0.61
2012	0.04	—	63.42	233	—		0	6.15
2013		0	3.39	0	6.37km	0	0	0.17
2014	—	0	15.32	0	19.8km	0	0	0.19

统计 1992～2014 年冷空气、气旋浪的月际变化情况，南黄海辐射沙脊群海域由于冷空气和气旋的影响而形成的灾害性海浪各月均有出现，其中出现最多的是春末 5 月，22 年中共出现了 9 次，其次是 4 月，出现了 8 次，9 月出现 6 次，2 月（冬末）、3 月（初春）、8 月（夏末）和 11 月（秋末）分别为 4 次、3 次、4 次和 5 次，其余月份为 1～2 次（图 2.7）。

（4）赤潮

赤潮是海洋中的一些微藻、原生动物或细菌在一定环境条件下暴发性增殖或聚集达到某一水平，引起水体变色或对海洋中其他生物产生危害的一种生态异常现象。首先，海水富营养化是赤潮发生的物质基础和首要条件。江苏沿海城市工业废

---

① 1 亩≈666.7m²。

水和生活污水大量排入海中，使营养物质在水体中富集，水域中氮、磷等营养盐类，铁、锰等微量元素，以及有机化合物的含量大大增加，促进了赤潮生物的大量繁殖。其次，水文气象和海水理化因子的变化是赤潮发生的重要原因。江苏沿海是季风气候，雨热同期，使得沿海海域水温较高，而盐度则较低，这符合我国大多数赤潮发生现场的温度、盐度记录特征。另外，海水养殖的自身污染亦是诱发赤潮的因素之一。江苏沿海地区有许多海水养殖场，养殖场的饵料及养殖对象的排泄物直接排入海水中，造成海水富营养化，从而引起赤潮的发生。通过收集资料可发现，在 2000～2014 年，2003 年、2014 年江苏连云港海域未发现赤潮，其余年份该海域发现赤潮的次数为 1～4 次（图 2.8），2001 年和 2005 年赤潮成灾面积达 1200km^2 以上（表 2.4），连云港海域（赤潮监控区）发现的赤潮主要集中在 5～10 月。

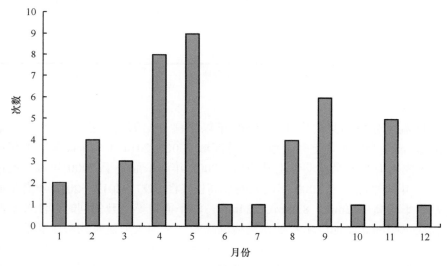

图 2.7　1992～2014 年冷空气、气旋浪各月分布情况

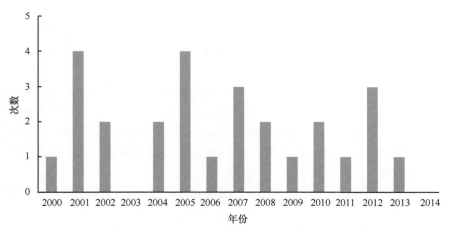

图 2.8　2000～2014 年江苏海域赤潮发生次数

表 2.4　2004～2014 年赤潮灾害发生情况

年份	次数	面积（km²）	主要优势藻种
2004	2	100	多纹膝沟藻、夜光藻
2005	4	1275	中肋骨条藻、链状裸甲藻
2006	1	600	短角弯角藻、链状裸甲藻
2007	3	459.4	赤潮异弯藻、海链藻
2008	2	670	赤潮异弯藻、短角弯角藻
2009	1	210	凯伦藻
2010	2	220	链状裸甲藻
2011	1	200	中肋骨条藻
2012	3	487	中肋骨条藻
2013	1	450	赤潮异弯藻
2014	0	0	—

注：链状裸甲藻、凯伦藻、赤潮异弯藻为有毒赤潮藻种

（5）海平面上升

根据监测分析结果可发现，1980 年以来江苏沿海海平面平均上升速率为 3.6mm/a，高于全国平均上升速率；江苏海域 2000～2014 年海平面年际变化曲线显示，该海域海平面呈波动性上升趋势，2005 年海平面处于 2000 年以来的最低位，2014 年海平面处于 2000 年以来的最高位（图 2.9），2012～2014 年海平面分别较常年平均高 112mm、89mm、124mm。海平面自然上升的同时，江苏沿海特别是长江三角洲北岸地区本身处在构造沉降带，又因大型建筑物密集和地下水过量开采，加剧了地面的下沉，且地面下沉的速率达到海平面自然上升速率的数十倍。由此造成的海平面间接上升与海平面自然上升相叠加，加剧了江苏沿海台风风暴潮、海岸侵蚀（特别是砂质海岸和泥质海岸）、海水入侵与土壤盐渍化的影响程度，影响滨海生态系统、社会经济发展等。海平面上升对江苏沿海造成的主要影响包含对海防工程的影响，其将造成堤外潮滩湿地资源受损、加剧沿海低洼洪涝灾害。

其一，江苏沿海地区地势低平，相当部分地面高程低于当地的平均高潮位，完全靠海堤保护。通过不同海平面上升量情况下的可能最高潮位计算可知（季子修等，1994），海平面上升 30cm，燕尾港、新洋港、大洋港 100 年一遇的风暴潮位将变为不到 50 年一遇；海平面上升 53cm，小洋口 100 年一遇的风暴潮位也将变为 50 年一遇。

其二，江苏沿海发育的潮滩坡度普遍仅 0.1%左右，不少岸段平均坡度甚至不足 0.05%。如果以平均坡度 0.1%计算，相对海平面上升 1cm，受淹没的潮滩宽度就将达到 10m。根据陈晓玲等（1996）的估算，相对海平面上升 50cm，江苏省因

淹没而损失的潮滩面积将可能达到 $1.7 \times 10^4 hm^2$ 左右。造成江苏沿海潮滩损失的主要原因是海岸侵蚀加剧，在一些岸段，侵蚀加剧引起的潮滩损失甚至超过了直接淹没引起的潮滩损失。

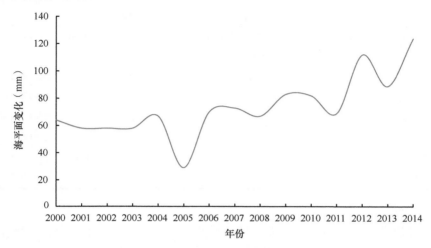

图 2.9　2000～2014 年江苏沿海海平面变化趋势

其三，沿海低洼洪涝灾害加剧。苏北低地的地面坡降较小，一般在 0.02%～0.20%。水面比降更小，平均为 0.004%，河道排水极慢，主要排水干道射阳河行洪期流速仅 0.3m/s（施雅风，1996）。苏北滨海平原（包括里下河洼地）的洪涝积水主要依靠沿海 90 余座大型、中型、小型涵闸外排入海，由于地势偏低，内河水位普遍低于各排水闸的闸外高潮位，受潮流的顶托，堤内低洼地的内涝积水只能利用低潮位时抢排，如苏北射阳河闸多年平均高潮位为 3.01m，而射阳河阜宁站多年平均水位仅 2.35m，低于河口挡潮闸闸下高潮位 0.66m；斗龙港闸闸下多年平均高潮位为 3.17m，而斗龙港大团站的多年平均水位仅 2.42m，低于闸下高潮位 0.75m（冯士筰等，1999）。

（6）海岸侵蚀

由于江苏沿海地区地势平坦，地面高程普遍较低，受海平面上升的影响，海岸侵蚀、海水入侵等次生灾害不断加剧。2013 年调查盐城振东河闸至射阳河口粉砂淤泥质岸段，监测海岸长度为 62.9km，其中侵蚀岸段长度达 36.7km，平均侵蚀速度为 26.4m/a。2014 年江苏沿海监测海岸长度为 52.91km，其中侵蚀岸段长度为 20.41km（表 2.5）。海岸侵蚀造成土地流失，房屋、道路、沿岸工程、旅游设施和养殖区域损毁，对近岸盐田、养殖场以及滩涂资源的开发等造成了严重影响，给沿海地区的社会经济带来较大损失。

表 2.5　2014 年江苏沿海海岸侵蚀统计

序号	侵蚀岸段位置	海岸类型（砂质、淤泥质、基岩、其他）	监测海岸长度（km）	侵蚀海岸长度（km）	海岸蚀退距离（m）	监测时段
1	海洋滩涂围垦新垦闸岸段	淤泥质（平原）海岸和生物海岸	9.30	1.00	30.00	2014 年 1～9 月
2	响水县三圩港岸段	淤泥质海岸	0.83	0.83	2.00	2014 年 1～12 月
3	响水县小东港岸段	淤泥质海岸	1.91	1.91	4.00	2014 年 1～12 月
4	滨海县南八滩闸至入海口岸段	淤泥质海岸	2.27	2.27	1.50	2014 年 1～12 月
5	射阳县扁担港至畚套港岸段	其他海岸	3.40	3.00	21.00	2014 年 1～12 月
6	射阳县双洋港至射阳港岸段	其他海岸	16.90	3.10	45.00	2014 年 1～12 月
7	射阳县射阳港至新洋港岸段	其他海岸	18.30	8.30	44.00	2014 年 1～12 月

（7）海水入侵

　　江苏沿海滩涂、浅海面积大，受海平面上升的影响，海水入侵、土壤盐渍化加重。2014 年监测结果显示：盐城大丰海水入侵距岸超过 10km，部分监测断面入侵距离较 2013 年有所增加；大丰沿岸土壤盐渍化范围距岸大于 10.6km。

　　综上所述，从提高海洋灾害预警反应能力和减轻海洋灾害损失的角度出发，利用数据库技术、GIS 技术、RIA 技术、.NET 技术，首次建立南黄海辐射沙脊群海域基础信息数据库，填补了江苏省海洋防灾减灾信息化的空白，在促进江苏省海洋灾害基础信息数据管理的规范化、提升江苏省海洋灾害预警应急反应能力、减轻人民群众生命财产损失及保障江苏沿海大开发等方面具有重要作用。

第 3 章

风暴潮-海浪灾害耦合预报技术

本章介绍风暴潮-海浪灾害耦合预报技术的理论方法,包含风暴潮模型基本原理、海浪模型基本原理、台风理论风场模型,并介绍风暴潮模型和海浪模型的耦合过程,为研究工作奠定理论基础。

3.1 风暴潮模型基本原理

为满足南黄海海域防灾减灾、海洋管理的需求，研究南黄海辐射沙脊群海域海洋水动力特征和机制，全面提升该海域海洋防灾减灾的能力，建立了风暴潮模型并实现了南黄海辐射沙脊群海域台风风暴潮数值预报和温带风暴潮的精细化数值预报。本节介绍风暴潮模型的基本原理。

为了满足南黄海辐射沙脊群海域复杂地形和分辨率的要求，风暴潮数值模型采用目前较为成熟且应用广泛的 ADCIRC 水动力模型。该模型基于有限元方法，可以应用于海洋、海岸、河口的水动力计算，被广泛应用于潮汐、海流和风暴潮的预报。ADCIRC 模型作为新一代海洋水动力计算模型，其特点包含以下 5 个方面。

1）结合广义波动连续性方程（generalized wave continuity equation，GWCE）与动量方程，基于伽辽金有限元方法求解方程，提高了计算的精确性和稳定性。

2）可用笛卡儿坐标或球坐标，适用于二维或三维模拟，采用并行计算有效地提高了计算速度。采用非结构化三角形网格，可灵活调整网格分辨率以刻画复杂的近岸河口地形（图 3.1）。

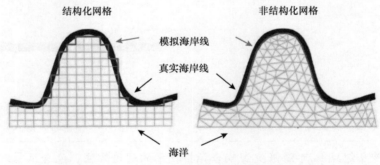

图 3.1　模型示意图

3）采用干湿法处理动边界。

4）物理接口较多，包括了风场、气压场、天文潮、河流径流、海浪辐射应力等。

5）可用于计算一维障碍物的溢流，如河堤、海堤的漫堤计算。

（1）控制方程

采用 ADCIRC 二维模型在球坐标系下通过基于垂直平均的原始连续方程和动量方程来求解自由表面起伏、二维流速 3 个变量，即 (ζ, U, V)。其中，在球坐标系下海水的连续方程为

$$\frac{\partial \zeta}{\partial t} + \frac{1}{R \cos \varphi} \frac{\partial (UH)}{\partial \lambda} + \frac{1}{R} \frac{\partial (VH)}{\partial \varphi} - \frac{VH \tan \varphi}{R} = 0 \qquad (3.1)$$

在球坐标系下海水的动量方程为

$$\frac{\partial U}{\partial t} + \frac{U}{R \cos \varphi} \frac{\partial U}{\partial \lambda} + \frac{V}{R} \frac{\partial U}{\partial \varphi} - \left(\frac{U \tan \varphi}{R} + f \right) V =$$
$$- \frac{1}{R \cos \varphi} \frac{\partial}{\partial \lambda} \left[\frac{p_s}{\rho_0} + g(\zeta - \eta) \right] + \frac{\tau_{s\lambda} - \tau_{b\lambda}}{\rho_0 H} + D_\lambda \qquad (3.2)$$

$$\frac{\partial V}{\partial t} + \frac{U}{R \cos \varphi} \frac{\partial V}{\partial \lambda} + \frac{V}{R} \frac{\partial V}{\partial \varphi} + \left(\frac{U \tan \varphi}{R} + f \right) U =$$
$$- \frac{1}{R} \frac{\partial}{\partial \varphi} \left[\frac{p_s}{\rho_0} + g(\zeta - \eta) \right] + \frac{\tau_{s\varphi} - \tau_{b\varphi}}{\rho_0 H} + D_\varphi \qquad (3.3)$$

以上球面方程可通过 CPP 圆柱方法投影到笛卡儿坐标系中，有

$$x = R(\lambda - \lambda_0) \cos \varphi_0 \qquad (3.4)$$

$$y = R\varphi \qquad (3.5)$$

$$S = \frac{\cos \varphi_0}{\cos \varphi} \qquad (3.6)$$

通过坐标转化后，连续方程变为

$$\frac{\partial \zeta}{\partial t} + S \frac{\partial (UH)}{\partial x} + \frac{\partial (VH)}{\partial y} - \frac{VH \tan \varphi}{R} = 0 \qquad (3.7)$$

通过坐标转化后，动量方程变为

$$\frac{\partial U}{\partial t} + SU \frac{\partial U}{\partial x} + V \frac{\partial U}{\partial y} - \left(\frac{U \tan \varphi}{R} + f \right) V = -S \frac{\partial}{\partial x} \left[\frac{p_s}{\rho_0} + g(\zeta - \eta) \right] + \frac{\tau_{sx} - \tau_{bx}}{\rho_0 H} + D_x \quad (3.8)$$

$$\frac{\partial V}{\partial t} + SU \frac{\partial V}{\partial x} + V \frac{\partial V}{\partial y} + \left(\frac{U \tan \varphi}{R} + f \right) U = -\frac{\partial}{\partial x} \left[\frac{p_s}{\rho_0} + g(\zeta - \eta) \right] + \frac{\tau_{sy} - \tau_{by}}{\rho_0 H} + D_y \quad (3.9)$$

式中，t 为时间（s）；x、y 为水平笛卡儿坐标（m）；λ、φ 分别为经度和纬度；λ_0、φ_0 分别为网格计算区域中心点的经度和纬度；$H = \zeta + h$ 为海水水柱的总水深（m），其中 ζ 为从平均海平面起算的自由表面高度（m），h 为未扰动的海洋水深，即平均海平面至海底的距离（m）；R 为地球的半径（m），文中取 6 378 135m；U、V 为深度平均的海水水平流速（m/s）；$f = 2\Omega \sin \varphi$ 为科氏参数（rad/s），其中 Ω 为地球的自转角速度；g 为重力加速度（m/s^2）；ρ_0 为海水密度，文中取 1025kg/m^3；p_s 为海水自由表面的大气压强（N/m^2）；η 为引潮势（m）；τ_{sx}、τ_{sy} 分别为海表面应力的 x、y 方向分量（N），包括风应力和海浪辐射应力；τ_{bx}、τ_{by} 分别为海底摩擦力的 x、y 方向分量（N）；D_x、D_y 为动量方程的水平扩散项。

为了避免伽辽金有限元离散出现的数值问题，如振荡、不守恒性等计算不稳定，ADCIRC 模型通过采用广义波动连续性方程（GWCE）来代替原有的连续方

程（3.7）。GWCE 就是对原连续方程进行时间求导，引入了一个空间变量数值加权参数 τ_0，再将动量方程代入变化后的连续方程，有

$$\frac{\partial^2 \zeta}{\partial t^2} + \tau_0 \frac{\partial \zeta}{\partial t} + S \frac{\partial A_x}{\partial x} + \frac{\partial A_y}{\partial y} - UHS \frac{\partial \tau_0}{\partial x} - VH \frac{\partial \tau_0}{\partial x} - \frac{A_y \tan \varphi}{R} = 0 \qquad (3.10)$$

其中，

$$A_x \equiv \frac{\partial(UH)}{\partial t} + \tau_0 UH = \frac{\partial Q_x}{\partial t} + \tau_0 Q_x \qquad (3.11)$$

$$A_y \equiv \frac{\partial(VH)}{\partial t} + \tau_0 VH = \frac{\partial Q_y}{\partial t} + \tau_0 Q_y \qquad (3.12)$$

对 A_x、A_y 的时间导数项运用链式法则，并代入动量方程（3.8）和（3.9）中，得

$$A_x = U \frac{\partial H}{\partial t} + H \left\{ -US \frac{\partial U}{\partial x} - V \frac{\partial U}{\partial y} + fV - S \frac{\partial}{\partial x} \left[\frac{p_s}{\rho_0} + g(\zeta - \eta) \right] + \frac{\tau_{sx} - \tau_{bx}}{\rho_0 H} + D_x + \tau_0 U \right\}$$

$$(3.13)$$

$$A_y = V \frac{\partial H}{\partial t} + H \left\{ -US \frac{\partial V}{\partial x} - V \frac{\partial V}{\partial y} - fU - S \frac{\partial}{\partial y} \left[\frac{p_s}{\rho_0} + g(\zeta - \eta) \right] + \frac{\tau_{sy} - \tau_{by}}{\rho_0 H} + D_y + \tau_0 V \right\}$$

$$(3.14)$$

最后，将方程（3.13）和方程（3.14）代入方程（3.10）中，就得到了 GWCE 的最终形式，这样就可以求解出水位 ζ。

GWCE 在空间上采用有限单元法，以适应复杂的边界条件；在时间上采用有限差分法，以提高计算速度。采用半隐式法来求解 GWCE，质量矩阵是定常的，只需进行一次求逆。

（2）底摩擦项

在上述的动量方程（3.8）和（3.9）中，ADCIRC 模型中底摩擦项 τ_{bx}、τ_{by} 的表达式为

$$\tau_{bx} = U \tau_* \qquad (3.15)$$

$$\tau_{by} = V \tau_* \qquad (3.16)$$

因此，底摩擦项取决于 τ_*，τ_* 在 ADCIRC 模型中有 3 种不同的形式：线性、二次和混合形式。

线性形式中，$\tau_* = C_f$，因此底摩擦项为 $\tau_b = UC_f$。

二次形式中，$\tau_* = C_f \dfrac{(U^2 + V^2)^{1/2}}{H}$，因此底摩擦项为 $\tau_b = U \tau_* = UC_f \dfrac{(U^2 + V^2)^{1/2}}{H}$。

混合形式中，τ_* 的表达式虽然与二次形式一样，但是底摩擦系数 C_f 是变化的，表达式为

$$C_{f} = C_{f\min}\left[1+\left(\frac{H_{\text{break}}}{H}\right)^{\theta}\right]^{\frac{\lambda}{\theta}} \tag{3.17}$$

式中，$C_{f\min}$ 和 H_{break} 是常数；λ 和 θ 也是常数。因此，C_{f} 只是总水深 H 的函数，见图 3.2。

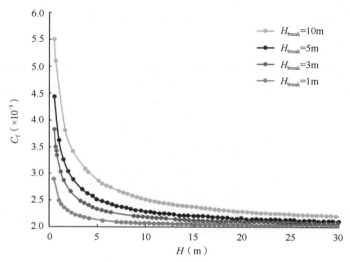

图 3.2 混合形式的底摩擦系数 C_{f} 随 H 的变化曲线（$C_{f\min}$=0.002，λ=1/3，θ=10）

由图 3.2 可知，当总水深 H 很大，即在远离近岸时，C_{f} 和线性底摩擦系数 $C_{f\min}$ 十分接近，此时 C_{f} 近似为线性形式；当 H 和 H_{break} 同量级时，即在靠近陆地的近海区域，C_{f} 呈指数增大，这样可以客观地、整体地刻画深海和近海的底摩擦力。因此，文中底摩擦项选取了混合形式。

（3）科氏参数与引潮势

地球自转的影响通过动量方程中的科氏参数 f 体现出来。科氏参数 f 定义为纬度 φ 的函数：

$$f(\varphi) = 2\Omega\sin\varphi \tag{3.18}$$

式中，地球的自转角速度 $\Omega = 7.29\times10^{-5}\ \text{rad/s}$。

为了减小笛卡儿坐标系与球坐标系的不一致性，采用 β 平面近似：

$$f = f_{0} + \beta_{0}(y-y_{0}) \tag{3.19}$$

式中，下标 0 表示计算区域的中心纬度；β 为科氏参数的局地偏导数。

引潮势 η 定义为

$$\eta(\lambda,\varphi,t) = \sum_{j,n}\alpha_{jn}C_{jn}f_{jn}(t_{0})L_{j}(\varphi)\cos\left[\frac{2\pi(t-t_{0})}{T_{jn}}+j\lambda+v_{jn}(t_{0})\right] \tag{3.20}$$

式中，α_{jn} 为地球有效弹性因子（$j=0$ 代表长周期潮；$j=1$ 代表全日潮；$j=2$ 代表半日潮）；C_{jn} 为常数，表示类型 j 分潮 n 的振幅；t_0 为参考时间；$f_{jn}(t_0)$ 为交点因子；$v_{jn}(t_0)$ 为天文初相角；$L_j(\varphi)$ 为特定潮汐类型的系数，其中 $L_0 = 3\sin^2\varphi - 1$，$L_1 = \sin(2\varphi)$，$L_2 = \cos^2\varphi$；T_{jn} 为类型 j 分潮 n 的周期。

该套网格开边界点的潮汐各个主要分潮（K_1、O_1、P_1、Q_1、M_2、S_2、N_2、K_2等）的调和参数由分辨率为 0.5° 的全球潮汐模型 FES95.2 插值得到。

（4）水平扩散项

动量方程中的水平扩散项 D_λ 和 D_φ，也称水平涡黏性项。ADCIRC 模型通过该项让相邻的格点适当地进行动量传递和能量耗散，该项采用 Kolar 等（1990）提出的表达式：

$$D_\lambda = \frac{M_\lambda}{H} = \frac{1}{H}\frac{E_{h_2}}{R^2}\left[\frac{1}{\cos^2\varphi}\frac{\partial^2(UH)}{\partial\lambda^2} + \frac{\partial^2(UH)}{\partial\varphi^2}\right] \tag{3.21}$$

$$D_\varphi = \frac{M_\varphi}{H} = \frac{1}{H}\frac{E_{h_2}}{R^2}\left[\frac{1}{\cos^2\varphi}\frac{\partial^2(VH)}{\partial\lambda^2} + \frac{\partial^2(VH)}{\partial\varphi^2}\right] \tag{3.22}$$

式中，M_λ 和 M_φ 为水平动量耗散项；E_{h_2} 为水平黏性系数。在 GWCE 中，水平扩散项的表达式为

$$D_\lambda = \frac{E_{h_2}}{R\cos\varphi}\frac{\partial^2\zeta}{\partial\lambda\partial t} \tag{3.23}$$

$$D_\varphi = \frac{E_{h_2}}{R}\frac{\partial^2\zeta}{\partial\varphi\partial t} \tag{3.24}$$

3.2　海浪模型基本原理

本研究采用基于海浪-风暴潮耦合的 SWAN+ADCIRC 数值模型作为主要研究手段。考虑南黄海辐射沙脊群海域的水深、地形、潮位对近岸浪的影响，结合沿海的港口、渔场、湿地及人工岛等涉海设施的特征和防浪能力，考虑近岸浪的折射和绕射、浅水效应、波浪破碎、非线性波-波相互作用、底摩擦、近岸流等多种物理过程，采用非结构化网格技术、并行计算技术及海浪-风暴潮实时耦合技术，通过可调参数和物理过程的优化，建立适用于南黄海辐射沙脊群海域的海浪精细化预报系统，为该海域的海浪灾害防御工作提供技术支持。此外，还通过在南黄海辐射沙脊群海域进行业务化运行，检验该预报系统的稳定性和可靠性，并依据业务化运行的结果对该预报系统进行改进和完善。

南黄海辐射沙脊群海域的水深与地形十分复杂，地形对波浪折射、破碎和摩擦的影响非常明显，而且沿岸海域水深的变化梯度较小。因此，采用海浪和风暴潮耦合的 SWAN+ADCIRC 模型进行该区域的海浪模拟比较合理。在南黄海辐射

沙脊群海域采用局部加密的非结构化三角形网格，可以更加准确地刻画该海域的复杂地形。

1. 非结构化三角形网格的剖分

南黄海辐射沙脊群海域的岸线分辨率设置为150m，开边界的分辨率为0.25°。计算网格如图 3.3 所示。对初步生成的非结构化网格进行质量控制，条件包括：锐角大于 35°，钝角小于 110°，面积改变率小于 0.5，一个节点上不超过 8 个三角形网格。进行上述质量控制后，得到南黄海辐射沙脊群海域的精细化计算网格，如图 3.4 所示。

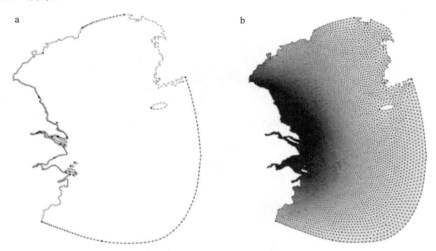

图 3.3　整个计算区域的海岸线（a）及计算网格（b）

棕色点线为陆地岸线，绿色点线为海岛岸线，蓝色点线为海洋边界线

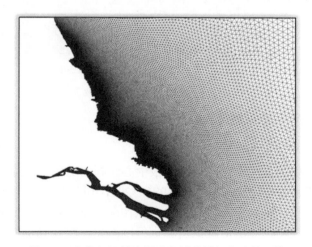

图 3.4　南黄海辐射沙脊群海域的精细化计算网格

2. 地形数据处理

基于韩国 1′高程散点数据（图 3.5），以及江苏沿海走航观测的水深散点数据，将两类水深数据融合，使其覆盖整个计算区域，可以较好地刻画南黄海辐射沙脊群海域的地形。对于江苏沿海水深散点数据未覆盖到的海域，采用韩国 1′高程散点数据进行补充。将融合后的水深数据，按照距离加权线性插值到计算网格点，从而得到整个计算区域及南黄海辐射沙脊群海域的水深，如图 3.6 所示。可以看出，对比原始的韩国 1′高程散点数据在南黄海辐射沙脊群海域的模糊地形特征，在集合了多源的水深数据之后，对南黄海辐射沙脊群海域的水下地形特征可以很好地进行刻画。

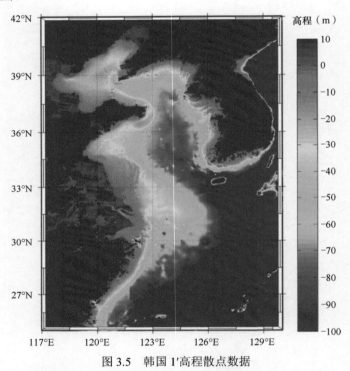

图 3.5　韩国 1′高程散点数据

3. 风场数据和海浪观测数据的处理

（1）风场数据

风场数据使用的是国家海洋环境预报中心研制的历史 30 年同化融合风场。该风场是通过收集和整理中国海洋区域 1981～2011 年陆地、海洋及高空的各种常规和非常规观测资料，以及中央气象台的台风实况数据资料，并针对不同来源的观测资料进行质量控制，然后对观测资料进行网格化，将观测资料分析到气象背景场网格上，采用 WRF 中尺度大气数值预报模型，以全球大气再分析数据 CFSR （climate forecast system reanalysis）为背景场，将各种观测资料与再分析资料进行动力融合，重建中国海域高时空分辨率海面 10m 风场再分析资料集。该风场兼具大气模型风场和经验模型风场的优点，既克服了大气模型风场在台风中心存在的不准确性，又改善了经验模型风场在台风边缘区域存在的偏差。该融合风场的空间范围为 10°～45°N、105°～135°E。

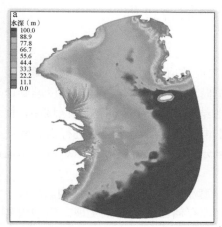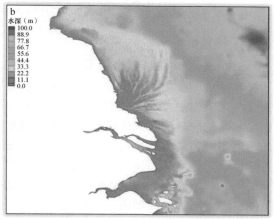

图 3.6　整个计算区域（a）和南黄海辐射沙脊群海域（b）的水深

以 2011 年第 9 号台风"梅花"影响期间的东海 QF207 浮标为例，进行 Holland 模型风场和融合风场的风速单点比较，如图 3.7 所示。可以看出，相比于模型风场，融合风场的风速与观测的风速更加接近。

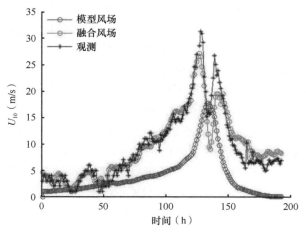

图 3.7　融合风场与模型风场的风速单点比较（QF207 浮标）

（2）海浪观测数据

收集的相关海浪数据，主要来自多个水文气象浮标。其中，浮标的观测要素包括风速、风向、气温等气象参量，以及有效波高、有效波周期、最大波高等海浪参量，观测频率为 1h 或 0.5h 一次。

3.3　风暴潮-海浪模型耦合过程

1. 耦合技术

SWAN+ADCIRC 耦合模型为第三代浅水波浪数值模型 SWAN 和风暴潮模型（ADCIRC）的耦合。SWAN 和 ADCIRC 采用同一套非结构化网格，可以准确地描述两个模型中波-流相互作用的物理过程。非结构化网格可以用于大区域中，使得深水区的能量能全部传递到浅水区，因此不再需要对结构化网格进行嵌套和叠加，也不再需要内部模型的插值。变量和强迫分布于节点位置上，信息可以不通过插值来传递，从而显著减少了计算量。

在并行计算中，SWAN 和 ADCIRC 用同一套子网格和信息传递结构。在每个子网格中，所有的模型内部的信息交流通过局部存储器或缓存来实现。模型内部进行子网格间的信息交流时，信息仅传递到相邻子网格的边缘，因此耦合模型不需要在整个区域里进行全部的信息交流。区域分解将邻近的子网格分配到邻近的计算核上，因此将信息传递的消耗降低到最小。该耦合模型有很好的可升级性，并且融合了从大洋到陆架再到漫滩区域的无缝隙物理和数值处理技术。大区域和高分辨率的数值模拟均可应用到这两个模型中，从而可以准确地刻画浪和流的产生、传播及消散。SWAN 和 ADCIRC 耦合模型的运行框架如图 3.8 所示。

耦合模型运行时，ADCIRC 和 SWAN 在相同的 CPU 核数上交替运行，具体流程为：在经过模型的初始化后，ADCIRC 模型首先运行，此刻所需的辐射应力直接从内存中调用，该辐射应力是 SWAN 模型在初始化时已经计算好，并存放在内存中的。当 ADCIRC 模型运行至规定的模型耦合时刻时（假设为 T_1），ADCIRC 模型暂时停止运行，调用 SWAN 模型，SWAN 模型开始运行，运行时所需的流场和水位等从内存中获取，该流场和水位也是在 ADCIRC 模型初始化时存入内存的。当 SWAN 模型运行至时刻 T_1 时暂时停止运行，ADCIRC 模型再次开始运行，此时 ADCIRC 模型所用到的辐射应力为 SWAN 模型 T_1 时刻计算所得，ADCIRC 模型再次运行至耦合时刻时（假设为 T_2），ADCIRC 模型暂时停止运行，调用 SWAN 模型，耦合模型如此反复调用，ADCIRC 和 SWAN 交替运行实现模型耦合，直至模型运行结束。

2. SWAN 模型

SWAN 模型是国际上非常流行的第三代浅水波浪数值模型，由荷兰代尔夫特理工大学开发并维护。SWAN 模型采用基于 Euler 近似的作用量谱平衡方程，以及线性随机表面重力波理论（包含流的作用），考虑了较多的物理过程，包含当前海浪预报研究的最新成果，可以进行从实验室尺度到大陆架尺度的风浪和涌浪计算。SWAN 模型所考虑的因素有波浪的传播过程及波浪的产生和耗散。其中，波浪的传播过程包括：①由流和非平稳的水深变化引起的折射；②由水底和流的变化引起的变浅作用；③逆流传播时的阻碍和反射；④波浪在几何空间的传播；⑤次网格障碍物对波浪的阻碍和波浪通过次网格障碍物传播；⑥波生增水。波浪的产生和耗散包括：①风输入；②白冠破碎；③水深变浅引起的破碎；④水底摩擦；⑤三次、四次谐波非线性相互作用。SWAN 模型的理论基础及相关物理过程如下。

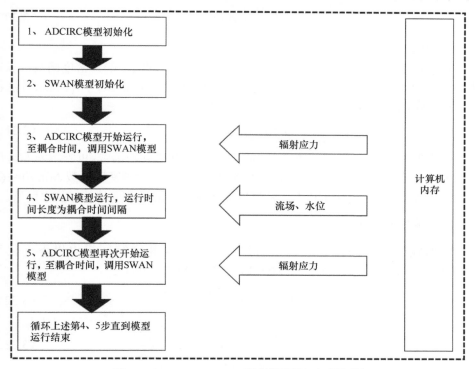

图 3.8　SWAN+ADCIRC 耦合模型的运行框架图

（1）波浪的表示

在线性表面波理论中，假设波高同波长相比是一个相对小量，水面在局部可以看作一系列不同波长（或频率）和传播方向的正弦波或余弦波的叠加。小振幅波可以表示为（为简便起见，在下面的公式中空间坐标和波数以一维为例）：

$$\eta(x,t) = a\cos(\sigma t - kx + \varphi) \qquad (3.25)$$

式中，η 是位置和时间的函数，代表波动表面；φ 代表初始位相。在有流存在的情况下，流速 U、波数 k、相对频率 σ、绝对频率 ω 之间存在多普勒频移关系：

$$\omega = \sigma + kU \tag{3.26}$$

其中，假设水流的垂直剖面不随深度变化，而相对频率 σ 表示为

$$\sigma = gk\mathrm{th}(kd) \tag{3.27}$$

式中，d 代表水深（可以依赖于时间）。相速度 C 和群速度 C_g 可以表示为

$$C = \frac{\sigma}{k} \tag{3.28}$$

$$C_\mathrm{g} = \frac{\partial\sigma}{\partial k} = \frac{C}{2}\left[1 + \frac{2kd}{\mathrm{sh}(2kd)}\right] \tag{3.29}$$

波动能量密度 E_tot 为

$$E_\mathrm{tot} = \frac{1}{2}\rho g a^2 \tag{3.30}$$

式中，ρ 代表水的密度。

如果水面变化在时间和空间上是一个平稳过程，则波浪的谱密度函数可以通过对波面的协方差作傅里叶变换得到，谱密度函数通常有以下几种表示方法：$E(\omega, \theta)$、$E(\sigma, \theta)$ 和 $E(k, \theta)$。显然，下面关系成立：

$$\int_0^{2\pi}\int_0^{\infty} E(\sigma, \theta)\mathrm{d}\sigma\mathrm{d}\theta = <\eta^2> \tag{3.31}$$

在非平稳情况下，波浪的谱密度函数成为坐标和时间的函数，可表示为 $E(\sigma, \theta; x, t)$。在实际中考虑的并不是能量谱密度函数，而是作用量谱密度函数 $N(\sigma, \theta)=E(\sigma, \theta)/\sigma$，这是因为在有流存在和水深随位置变化时，作用量密度是更好的守恒量。

（2）波浪的传播

根据线性波动的波包理论，可以在几何空间和谱空间得出以下变化率（Whitham，1974；LeBlond and Mysak，1978；Mei，1983）：

$$\frac{\mathrm{d}\vec{x}}{\mathrm{d}t} = \vec{C}g + \vec{U} = \frac{1}{2}\left[1 + \frac{2kd}{\mathrm{sh}(2kd)}\right]\frac{\sigma\vec{k}}{k^2} + \vec{U} \tag{3.32}$$

$$\frac{\mathrm{d}\sigma}{\mathrm{d}t} = C_\sigma = \frac{\partial\sigma}{\partial k}\left(\frac{\partial d}{\partial t} + \vec{U}\cdot\nabla d\right) - Cg\vec{k}\cdot\frac{\partial\vec{U}}{\partial s} \tag{3.33}$$

$$\frac{\mathrm{d}\theta}{\mathrm{d}t} = C_\theta = -\frac{1}{k}\left[\frac{\partial\sigma}{\partial d}\frac{\partial d}{\partial m} + \vec{k}\cdot\frac{\partial\vec{U}}{\partial k}\right] \tag{3.34}$$

$$\frac{\mathrm{d}}{\mathrm{d}t} = \frac{\partial}{\partial t} + \left(\vec{C}g + \vec{U}\right)\cdot\nabla_{\vec{x}} \tag{3.35}$$

$$\nabla_{\vec{x}} = \left(\frac{\partial}{\partial x}, \frac{\partial}{\partial y}\right) \tag{3.36}$$

式中，$\dfrac{\partial}{\partial s}$ 和 $\dfrac{\partial}{\partial m}$ 分别代表 σ 和 θ 方向的方向导数；$\vec{k}$ 代表波数单位矢量。作用量密度的变化率可以采用作用量平衡方程（Hasselmann，1973；Phillips，1977；Mei，

1983）表示：

$$\frac{\partial}{\partial t}N + \frac{\partial}{\partial x}C_x N + \frac{\partial}{\partial y}C_y N + \frac{\partial}{\partial \sigma}C_\sigma N + \frac{\partial}{\partial \theta}C_\theta N = \frac{S}{\sigma} \tag{3.37}$$

式中，左边第一项代表作用量密度随时间的变化率；第二项和第三项代表作用量密度在几何空间的传播（传播速度分别为 C_x 和 C_y）；第四项代表流和变化的水深引起的频移（传播速度为 C_σ）；第五项代表由流和变化的水深引起的折射和变浅作用（传播速度为 C_θ）；右边的 S 代表能量源项，该项可写成几个不同类型的源项之和：

$$S = S_{in} + S_{ds} + S_{nl} \tag{3.38}$$

式中，S_{in} 代表风输入项；S_{ds} 代表由白冠破碎、底摩擦、变浅破碎引起的耗散作用；S_{nl} 是四波相互作用和三波相互作用。

（3）风输入

到目前为止，有两种不同类型的机制描述由风向浪传输能量和动量。第一种机制是 Phillips（1977）共振机制，考虑的是波浪随时间的线性增长。第二种机制是 Miles（1957）不稳定机制，考虑的是波浪随时间的指数增长。基于这两种机制，风输入项是线性增长和指数增长之和：

$$S_{in} = A + BE(\sigma,\theta) \tag{3.39}$$

式中，A 代表线性增长；B 代表指数增长。其中，A 可表示为

$$A = \frac{1.5 \times 10^{-3}}{2\pi g^2}\left\{U_* \max\left[0, \cos(\theta - \theta_w)\right]\right\}^4 H$$

$$H = \exp\left[-(\sigma/\sigma_{PM}^*)^{-4}\right], \quad \sigma_{PM}^* = 2\pi\frac{0.13g}{28U_*}, \quad U_*^2 = C_D U_{10}^2 \tag{3.40}$$

$$C_D = \begin{cases} 1.2875 \times 10^{-3} & U_{10} < 7.5\mathrm{m/s} \\ (0.8 + 0.065 \times U_{10}) \times 10^{-3} & U_{10} \geqslant 7.5\mathrm{m/s} \end{cases}$$

根据 Komen 等（1984）提出的经验公式，B 可表示为

$$B = \max\left\{0, 0.25\frac{\rho_{air}}{\rho_{water}}\left[28\frac{U_*}{C_{phase}}\cos(\theta - \theta_w) - 1\right]\right\}\sigma \tag{3.41}$$

$$B = \beta\frac{\rho_{air}}{\rho_{water}}\left(\frac{U_*}{C_{phase}}\right)^2 \max\left[0, \cos(\theta - \theta_w)\right]^2 \sigma$$

其中，
$$\begin{cases} \beta = \frac{1.2}{k^2}\lambda \ln^4 \lambda & (\lambda \leqslant 1) \\ \lambda = \frac{gz_e}{C_{phase}^2}\mathrm{e}^r & r = kc/\left|U_* \cos(\theta - \theta_w)\right| \end{cases}$$

（4）能量耗散

模型中共考虑了 3 种类型的耗散机制。在深水情况下，风浪的白冠破碎占主要地位，控制着谱的高频部分的饱和程度。在中等深度和浅水情况下，底摩擦变得更加重要。波浪传到浅水破碎带附近时，变浅引起的波浪破碎占主要地位。

· 白冠破碎

风浪的白冠耗散项描述了深水波浪破碎导致的能量损失，波陡控制着耗散程度（Hasselmann，1973）：

$$S_{\text{ds,w}} = -\Gamma \overline{\sigma} \frac{k}{\overline{k}} E(\sigma, \theta)$$

$$\Gamma = C_{\text{ds}} \left[(1-\delta) + \delta \frac{k}{\overline{k}} \right] \left(\frac{\overline{s}}{\overline{s}_{\text{PM}}} \right) \qquad (3.42)$$

$$\overline{s}_{\text{PM}} = 3.02 \times 10^{-3}$$

$$\overline{s} = \overline{k} \sqrt{E_{\text{tot}}}$$

式中，Γ 是依赖于波陡的系数；$\overline{\sigma}$ 和 $\overline{k}$ 分别是平均频率和平均波数。

· 底摩擦

当波浪从深水传到有限水深处时，与水底的相互作用就变得更加重要。这种能量耗散受各种不同的机制所控制，如底摩擦、渗滤、泥质水底的运动等。由于可能有各种不同情况的水底，因此模型中采用了不同的底摩擦经验公式（Hasselmann，1973；Collins，1972；Madsen and Adams，1988）：

$$S_{\text{ds,bo}} = -C \frac{\sigma^2}{g^2 \text{sh}^2 (kd)} E \qquad (3.43)$$

式中，C 是底摩擦系数。

· 变浅引起的波浪破碎

当波浪从深水传到有限水深处时，波高与水深的比率变得很大，波能因破碎而耗散，在 SWAN 模型中采用的公式是

$$S_{\text{ds,br}} = -\frac{D_{\text{tot}}}{E_{\text{tot}}} E \qquad (3.44)$$

式中，D_{tot} 为单位水平区域面积内的平均耗散率（Battjes and Janssen，1978）。

（5）非线性相互作用

非线性相互作用是指共振波分量之间交换能量，使能量重新分配。在深水情况下，四波相互作用比较重要，而在浅水情况下，三波相互作用变得更加重要。通过四波相互作用，能量从高频部分向低频部分转移，对于维持谱形和决定能量的方向分布起着重要作用。四波相互作用由玻尔兹曼（Boltzmann）积分给出（Hasselmann，1973），但是它的数值计算十分耗费机时，因而难以用于实际计算。

Hasselmann 等（1985）提出了一种近似计算方法——离散相互作用近似（DIA），DIA 较好地反映了风浪的增长特征，被很多模型所采用。四波传输率在水深变浅时变小，因此要乘上一个浅水因子 R。在浅水情况下，当波陡较大时，能量通过三波相互作用从低频部分向高频部分转移。在临近岸边时，单波峰的谱转变为多波峰的谱。SWAN 模型中的三波相互作用采用 Eldeberky（1996）提出的公式 LTA。

· 平流项

根据作用量平衡方程的性质，每一格点的状态由迎浪格点的状态决定，因此最有效的差分方法是隐式迎风差，它是无条件稳定的。SWAN 模型在时间项上采用简单的向后差；在几何空间项上采用了三种差分格式，第一种是简单的一阶显式向后差，第二种是稳定情况下的 S&L 差分（二阶迎风差）（Stelling and Leendertse，1992），第三种是非稳定情况下的 SORDUP 差分（二阶迎风差）；在频率和方向空间上采用了二阶差分格式，中央差、迎风差和介于二者之间的任何一种格式。

在平流项的计算中 SWAN 模型采用了 4-SWEEP 技术，把几何空间分为四个象限，在每一个象限内除了折射和非线性相互作用，其他部分都独立计算。

· 源函数项

对于风输入的线性增长项，很容易进行计算。其他项则分为正源项（源，source）和负源项（汇，sink）。对于源，SWAN 模型采用了显式：

$$S^n = \varphi^{n-1}E^{n-1} \tag{3.45}$$

对于汇，SWAN 模型采用了隐式：

$$S^n = \varphi^{n-1}E^{n-1} + \left(\frac{\partial S}{\partial E}\right)^{n-1}\left(E^n - E^{n-1}\right) \tag{3.46}$$

· 矩阵求解

为了得到各个格点位置上的作用量密度，就必须求解作用量平衡方程离散化后的代数方程：

$$A \cdot N = B \tag{3.47}$$

式中，A、B 已知。在没有流且水深不随时间变化的情况下，A 是一个普通的三对角带状矩阵，很容易求解。在有流或水深随时间变化的情况下，A 不是三对角带状矩阵。

3.4　台风理论风场模型

风暴潮模型计算必须给出格点的气压值和风应力值。风暴潮模型结果的精度，在很大程度上依赖于气压场和风场模型的质量。因此，本研究选用 Holland（1980）台风风场模型。由于关注的是台风输入风应力而引起的风暴潮和海浪等过程，因此在模拟中需要特别注意风应力项。该模型的台风气压场分布公式为

$$P(r,\theta) = P_c + (P_n - P_c)e^{-[R_{\max}(\theta)/r]^B} \tag{3.48}$$

式中，$P(r,\theta)$ 是距台风中心 r 的海表面气压值，为径向距离 r、方位角 θ 的函数；P_c 为台风中心气压；P_n 为台风以外不受干扰的背景气压，文中设为 1012hPa；$R_{\max}$ 是台风最大风速半径，为方位角 θ 的函数，θ 随着 r 的变化而变化，计算公式见式（3.49）；B 是台风轮廓参数，根据经验取值，计算公式见式（3.50），文中设定 B 的范围为 $1 \sim 2.5$。

$$\theta = \begin{cases} 10\dfrac{r}{R_{\max}}, \ 0 \leqslant r < R_{\max} \\[2mm] 10 + 75\left(\dfrac{r}{R_{\max}} - 1\right), \ R_{\max} \leqslant r < 1.2R_{\max} \\[2mm] 25, \ r \geqslant 1.2R_{\max} \end{cases} \tag{3.49}$$

$$B = \frac{\left[(V_{\max} - V_T)/\text{WR}\right]^2 \rho_a e}{P_n - P_c} \tag{3.50}$$

式中，$V_{\max}$ 为台风最大风速；V_T 为台风移动速度；WR 是行星边界层与海面上 10m 处之间的风速换算系数；ρ_a 为空气密度；e 为恒定值。

台风风场的计算中，切向风速来自梯度风。当切向加速度消失时，即变为气压梯度力、离心力与科氏力三种力的平衡得到切向风速。

$$V_{\text{asym}} = \sqrt{\frac{B}{\rho_a}\left[\frac{R_{\max}(\theta)}{r}\right]^B (P_n - P_c)e^{-[R_{\max}(\theta)/r]^B} + \left(\frac{rf}{2}\right)^2} - \left(\frac{rf}{2}\right) \tag{3.51}$$

式中，V_{asym} 为距离台风中心 r 的切向风速；f 为科氏参数。从式（3.51）可以看出，该风场模型计算得到的风速不是对称的，在台风移动速度的右半圆，科氏力作用使得风速加强，相反地，左半圆风速减弱，这与观测事实相吻合。因此，Holland 风场模型能够较为客观地反映台风的风场结构。

上述公式中表面应力包括了风应力 $\vec{\tau}$，ADCIRC 模型中关于风应力的表达式为

$$\vec{\tau} = C_d \rho_a \vec{W}/|\vec{W}| \tag{3.52}$$

由台风风场计算所得的风速和温带风场中的风速通过公式（3.52）采用二次律计算出风应力。式中，$\vec{W}$ 代表海面上 10m 处的风速，$|\vec{W}|$ 代表海面上 10m 处风速的大小；C_d 为拖曳系数，采用 Garratt 公式计算：

$$C_d = 0.001(0.75 + 0.667|\vec{W}|) \tag{3.53}$$

若上式计算的 C_d 超过 0.003，则取 $C_d = 0.003$。

第 4 章

风暴潮-海浪灾害耦合预报
技术应用

本章介绍风暴潮-海浪灾害耦合预报技术应用，包含模型方案设置、风暴潮和海浪预报算例。

4.1 模型方案设置

4.1.1 地形数据处理

地形数据来源共有两种，大范围区域对于地形的分辨率要求不高，因此采用美国 ETOPO-1 数据，分辨率为 $1'\times 1'$，其范围为 $15°\sim 45°N$、$115°\sim 130°E$；而对于辐射沙脊群区域的江苏沿海，为了保证计算的准确性，采用分辨率较高的海图水深数据，在近岸海域地形数据融合了工程建设测量数据。在地形数据处理中，最主要的是进行网格剖分。

南黄海辐射沙脊群海域及其周边海域的纬度范围为 $32°00'\sim 33°48'N$，其大部分属于南黄海，长江口以南属于东海。初步确定风暴潮预报系统的计算区域包括渤海、黄海和东海的大部分区域，江苏沿海及辐射沙脊群海域位于计算区域的中间纬度区域。

考虑到风暴潮的长波特性，它的生成和传播都要求计算区域足够大，因此计算区域的外海开边界需要尽可能远离重点区域。在保证计算区域足够大和模型计算稳定的条件下，将计算区域的外边界确定在水深变化较为平缓的区域。

根据确定的计算区域进行网格剖分，外海开边界的网格分辨率为 0.2°左右，对江苏沿海的网格进行加密，分辨率控制在 100m 左右。该高分辨率非结构化网格的计算区域包括 305 172 个三角形单元，共计 157 475 个节点。计算网格和水深分布如图 4.1～图 4.4 所示。

4.1.2 模型参数设置

（1）参数设置

在 ADCIRC 模型中，必须输入的 2 个文件分别为：网格地形文件 fort.14 和模型参数控制文件 fort.15。此外，可选输入文件为：网格点属性文件 fort.13 和风场文件 fort.22。其中，fort.15 文件中模型参数设置如下。

1）模型热启动选项 IHOT=0，采用冷启动方式。

2）选用球面二维坐标。

3）底摩擦参数选项 NOLIBF=2（混合非线性底摩擦），采用混合底摩擦形式（C_f=0.002，H_{break}=1.0）。

4）有限振幅控制参数 NOLIFA=2（开启干湿计算）。

5）风场选项中，对于台风风场采用 NWS=8 的 Holland 风场，对于温带风场采用 NWS=6。

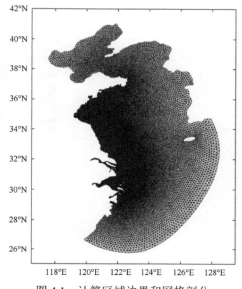

图 4.1　计算区域边界和网格剖分

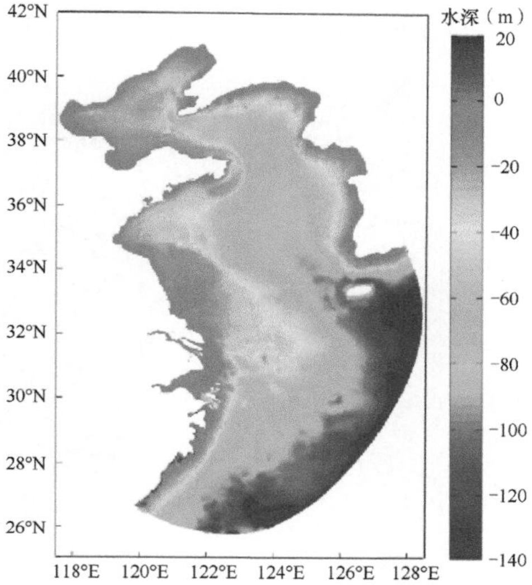

图 4.2　计算区域水深分布

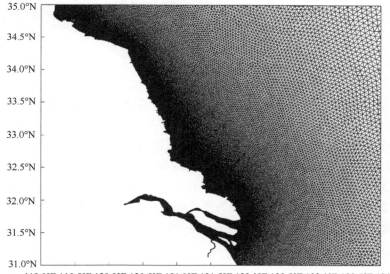

图 4.3　江苏辐射沙脊群沿海岸线及网格剖分

6）连续方程的权重参数 TAU0=−3（时间和空间均可变，在 $H>10$ 时，TAU0=0.005，在 $H<10$ 时，TAU0=0.02，并且随时间而变，TAU0=0.03+1.5×T_k，其中 T_k 为时间参数）。

7）时间步长 DT=4.0s。

8）时间权重参数为 0.35、0.30、0.35。

9）由于不考虑潮汐边界条件，因此不开启引潮力作用。

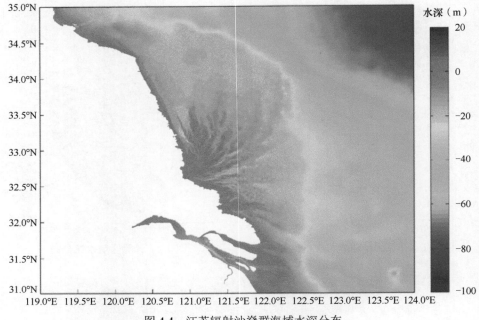

图 4.4　江苏辐射沙脊群海域水深分布

（2）边界条件

模型的边界主要包含上表面边界（即海洋与上层大气相交的边界）、海洋与陆地和岛屿等的陆地边界及外海开放边界。其一，对于上表面边界，在台风风暴潮计算中，采用国家海洋环境预报中心提供的最佳台风路径、强度等台风信息，采用 Holland 模型生成海表面气象强迫场；在温带风暴潮计算中，采用国家海洋环境预报中心下发的海面预报风场。其二，对于海洋与陆地、岛屿等的陆地边界，当满足不可入射条件时，取法向流速为零，即$V_n=0$。其三，对于外海开放边界，则可指定水位边界条件为开边界控制量，其他物理量采用辐射边界条件。

（3）初始条件

该模型采用冷启动方式，初始条件为水位为 0 的静水面，不考虑温度、盐度的时空分布，因此，所有格点上的初始水位和初始流速均为 0。

4.2　风暴潮预报算例

基于 4.1 节的设定和构建，成功开发了便捷的模型前、后处理程序，并将模型部署在江苏省海涂研究中心超算服务器中，利用并行技术，大大提高了计算效率，形成了稳定运行的业务化预报系统。在研究工作中，已针对 5 个台风风暴潮过程、3 个温带风暴潮过程进行了模拟和检验。

4.2.1 台风风暴潮过程后报检验

就台风风暴潮而言，台风路径的准确性对风暴潮的预报至关重要，本小节选取了影响江苏沿海的典型台风风暴潮过程进行后报模拟，以检验预报系统对于准确台风路径下风暴潮的模拟性能。

（1）7708 号台风风暴潮过程

7708 号台风（Babe）于 1977 年 9 月 2 日 14 时生成于菲律宾以东洋面，之后沿偏西方向移动，强度逐渐增大，9 月 8 日 14 时强度达到最大，中心气压为 907hPa，近中心最大风速为 70m/s。台风于 9 月 11 日（阴历七月廿八）在上海崇明登陆，台风近中心最大风速为 25m/s，最低气压为 969hPa。该台风过程中吕四站、吴淞站的增水过程曲线分别如图 4.5、图 4.6 所示。

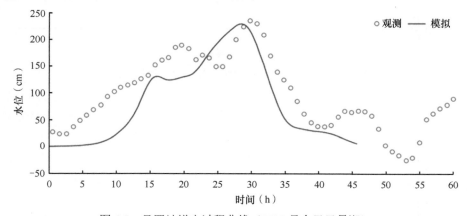

图 4.5 吕四站增水过程曲线（7708 号台风风暴潮）

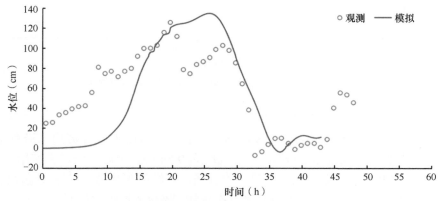

图 4.6 吴淞站增水过程曲线（7708 号台风风暴潮）

（2）8114 号台风风暴潮过程

8114 号台风（Agnes）于 1981 年 9 月 1 日（阴历八月初四）靠近我国浙江省、上海市沿海，之后逐渐转向东北行。转向前台风移动缓慢，上海市区最大风力为 10 级，沿海风力达 11～12 级。9 月 1 日 2 时台风近中心最大风速为 45m/s，中心气压为 950hPa。该台风过程中吕四站、吴淞站的增水过程曲线分别如图 4.7、图 4.8 所示。

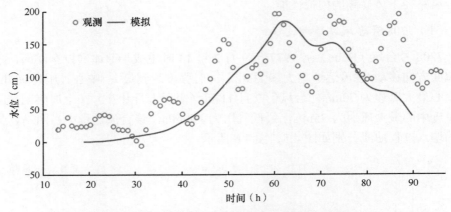

图 4.7　吕四站增水过程曲线（8114 号台风风暴潮）

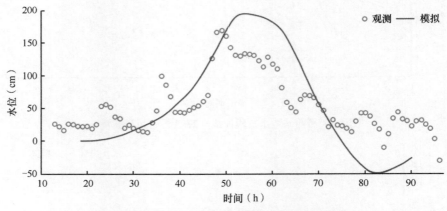

图 4.8　吴淞站增水过程曲线（8114 号台风风暴潮）

（3）8509 号台风风暴潮过程

8509 号台风于 1985 年 8 月 18 日（阴历七月初三）12 时在江苏启东沿海登陆，登陆时近中心最大风速为 25m/s，中心气压为 980hPa，登陆后沿江苏海岸北上，于 8 月 19 日 9 时在山东青岛沿海第二次登陆，后经山东半岛，又穿过渤海海峡，于 19 日 19～20 时在辽宁大连沿海第三次登陆。该台风过程中日照站、连云港站、吕四站的增水过程曲线分别如图 4.9～图 4.11 所示。

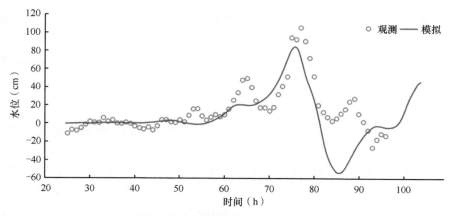

图 4.9　日照站增水过程曲线（8509 号台风风暴潮）

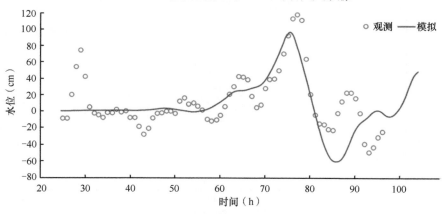

图 4.10　连云港站增水过程曲线（8509 号台风风暴潮）

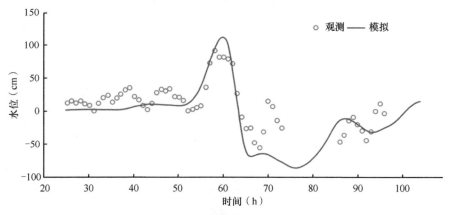

图 4.11　吕四站增水过程曲线（8509 号台风风暴潮）

（4）1109号台风风暴潮过程

1109号台风"梅花"（Muifa）于2011年7月28日14时在西北太平洋洋面上生成，7月31日2时加强为超强台风，峰值中心附近最大风速达55m/s，中心气压为925hPa。该台风过程中青岛站、日照站、连云港站、吕四站的增水过程曲线分别如图4.12～图4.15所示。

（5）1210号台风风暴潮过程

1210号台风"达维"（Damrey）于2012年7月28日20时在西北太平洋洋面上生成，之后一直向西北方向移动，于7月31日8时加强为强热带风暴，并继续向西偏北方向移动，强度继续增大，于8月1日8时加强为台风，之后维持这一强度并略有加强，于8月2日21时30分前后在江苏省响水县陈家港镇沿海登陆，登陆时附近最大风力达到12级。该台风过程中日照站、连云港站的增水过程曲线分别如图4.16、图4.17所示。

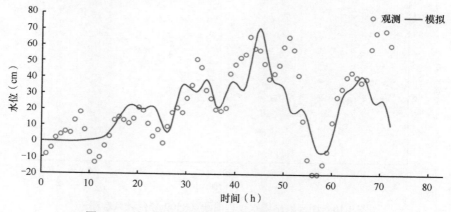

图4.12　青岛站增水过程曲线（1109号台风风暴潮）

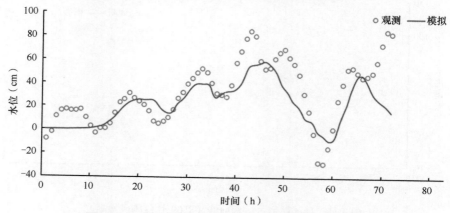

图4.13　日照站增水过程曲线（1109号台风风暴潮）

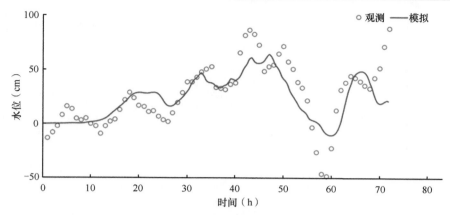

图 4.14　连云港站增水过程曲线（1109 号台风风暴潮）

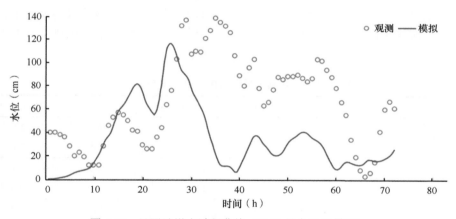

图 4.15　吕四站增水过程曲线（1109 号台风风暴潮）

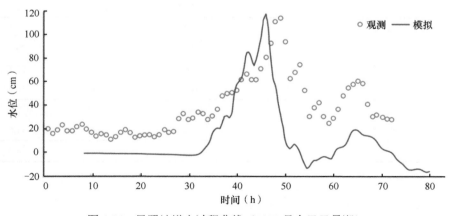

图 4.16　日照站增水过程曲线（1210 号台风风暴潮）

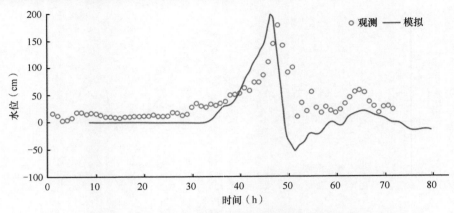

图 4.17　连云港站增水过程曲线（1210 号台风风暴潮）

通过对 5 个典型台风风暴潮过程的后报检验可以看出，该预报系统对于台风风暴潮的后报相对误差为 14.0%（表 4.1），能够较好地模拟出台风风暴潮的增水过程。

表 4.1　台风风暴潮过程最大增水模拟值与实测值对比

台风过程	站名	实测最大增水（cm）	模拟最大增水（cm）	绝对误差（cm）	相对误差（%）
7708	吕四站	236	231.01	4.99	2.1
	吴淞站	126	135.14	9.14	7.3
8114	吕四站	195	184.08	10.92	5.6
	吴淞站	168	194.00	26.00	15.5
8509	日照站	106	85.07	20.93	19.7
	连云港站	119	97.70	21.30	17.9
	吕四站	92	112.65	20.65	22.4
1109	青岛站	74	71.09	2.91	3.9
	日照站	84	59.13	24.87	29.6
	连云港站	89	64.88	24.12	27.1
	吕四站	139	116.17	22.83	16.4
1210	日照站	115	118.92	3.92	3.4
	连云港站	178	198.64	20.64	11.6
平均	—	—	—	16.40	14.0

4.2.2　温带风暴潮过程预报检验

由于特殊的地理位置，该区域沿海同样会受到温带风暴潮的影响。温带风暴潮预报采用与台风风暴潮预报相同的计算网格，而风场则采用国家海洋环境预报中心 WRF 风场。温带风暴潮过程的变化相对比较平稳，风场的预报也比较准确，因此为了检验温带风暴潮的预报效果，本小节选取项目在研期间影响该海域沿岸的典型温带风暴潮过程进行预报检验，预报时效分别为 72h、48h 和 24h，并对 24h 的预报精度进行检验。

（1）20140203 温带风暴潮过程

受冷空气的影响，2014 年 2 月 2～3 日，江苏沿海先后出现了一次明显的温带风暴增水过程。此次过程在 2 月 3 日凌晨至下午对江苏沿海的影响最大，连云港站出现了 70cm 的最大风暴增水（图 4.18），吕四站出现了 127cm 的最大风暴增水（图 4.19）。

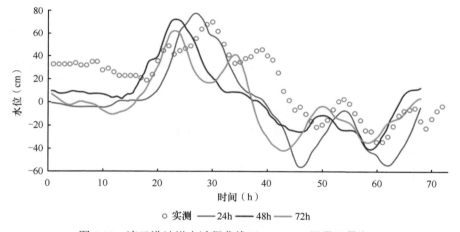

图 4.18　连云港站增水过程曲线（20140203 温带风暴潮）

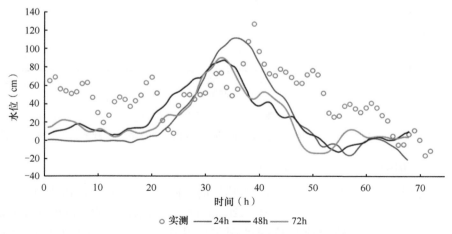

图 4.19　吕四站增水过程曲线（20140203 温带风暴潮）

（2）20140217 温带风暴潮过程

2014 年 2 月 17~18 日，受冷空气和出海气旋的共同影响，江苏沿海先后出现了一次明显的温带风暴潮过程。受此次过程的影响，连云港站于 2 月 17 日下午出现了 92cm 的最大增水（图 4.20），吕四站于 2 月 18 日凌晨出现了 106cm 的最大增水（图 4.21）。

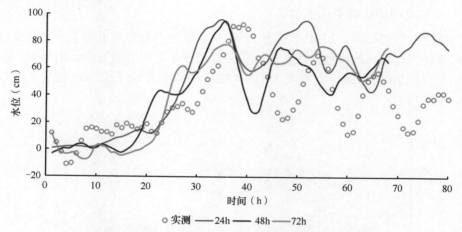

图 4.20　连云港站增水过程曲线（20140217 温带风暴潮）

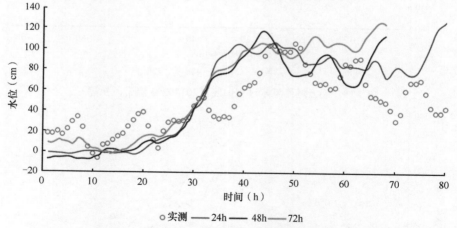

图 4.21　吕四站增水过程曲线（20140217 温带风暴潮）

（3）20141008 温带风暴潮过程

受冷空气与 1419 号超强台风"黄蜂"的共同影响，2014 年 10 月 11 日上午到 14 日清晨，江苏沿海出现了 50~220cm 的风暴增水，上述岸段内的江苏吕四站出现了略超过当地警戒潮位的高潮位。其中，连云港站最大增水 103cm（图 4.22），洋口港站最大增水 191cm（图 4.23），吕四站最大增水 211cm（图 4.24）。

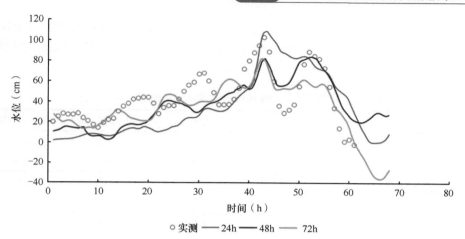

○ 实测 ── 24h ── 48h ── 72h

图 4.22 连云港站增水过程曲线 (20141008 温带风暴潮)

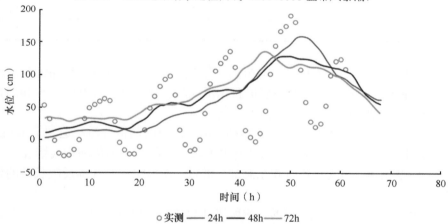

○ 实测 ── 24h ── 48h ── 72h

图 4.23 洋口港站增水过程曲线 (20141008 温带风暴潮)

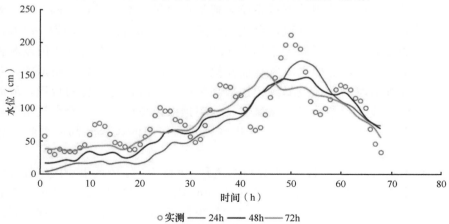

○ 实测 ── 24h ── 48h ── 72h

图 4.24 吕四站增水过程曲线 (20141008 温带风暴潮)

通过对典型温带风暴潮过程的预报检验可以看出，该预报系统对于温带风暴潮的 24h 预报相对误差为 12.9%（表 4.2），能够较好地模拟出温带风暴潮的增水过程。

表 4.2 温带风暴潮 24h 预报最大增水模拟值与实测值对比

过程	站名	实测最大增水（cm）	模拟最大增水（cm）	绝对误差（cm）	相对误差（%）
20140203	连云港站	70	78.6	8.6	12.3
	吕四站	127	111.8	15.2	12.0
20140217	连云港站	92	95.9	3.9	4.2
	吕四站	106	128.2	22.2	20.9
20141008	连云港站	103	109.1	6.1	5.9
	洋口港站	191	159.1	31.9	16.7
	吕四站	211	172.2	38.8	18.4
平均	—	—	—	18.1	12.9

综上所述，经由研究工作，建立了一套南黄海辐射沙脊群海域精细化风暴潮灾害预报系统，并且能够较好地模拟和预报江苏省典型台风风暴潮过程和温带风暴潮过程，该预报系统具有如下特点。

1）采用高精度地形和高分辨率网格，重点岸段的网格分辨率达到了 100m 左右，较为准确地刻画出了江苏辐射沙脊群海域复杂的水下地形和岸线情况。

2）模型包括了渤海、黄海和东海部分海域，能够比较客观地反映长波的传播和变化。

3）模型在保证精细化的同时，兼顾了计算效率，利用大型机的多节点并行技术，可满足业务化预报的需求。

本节详细论述了使用该预报系统对典型台风风暴潮的模拟检验，以及对温带风暴潮的预报检验。可发现，台风风暴潮的后报相对误差平均为 14.0%，温带风暴潮的 24h 预报相对误差平均为 12.9%，总体上能够满足业务预报对相对误差的要求，能够较好地完成风暴潮模拟。此外，在台风风暴潮模拟中，对于迎面登陆江苏沿海的台风风暴潮模拟效果最好，其次是近海转向台风，最后是路径平行于岸线北上的台风；在温带风暴潮预报模拟中，对于冷空气南下、冷空气和温带气旋共同作用及冷空气和台风共同作用的风暴潮都能得到较好的模拟结果。

该预报系统的计算网格水平分辨率达到 100m 左右，风场重点区域计算网格水平分辨率在 3km 以内；可提供风暴潮 24h 预报；风暴增水大于 1m 的 24h 预报相对误差小于 30%，达到了任务书的约束性指标要求。目前，该预报系统已经在江苏省海涂研究中心完成部署，可实现台风风暴潮和日常的温带风暴潮业务化预报。

同时,本次研究工作也发现,在风暴潮数值预报中准确地预报风场和水下地形对风暴潮模拟的准确性至关重要。该预报系统中采用的风场和地形数据仍然有可改进的空间,未来将采用更高分辨率、更加准确的风场和水下地形,进一步提高风暴潮预报的准确性。

4.3　海浪预报算例

针对海浪过程的模拟,也开发了便捷的模型前、后处理程序,并将模型部署在江苏省海涂研究中心超算服务器中,利用并行技术,大大提高了计算效率,形成了稳定运行的业务化预报系统。在研究工作中,已针对 3 个台风浪过程、2 个冷空气造成的波浪过程进行了模拟和检验。

4.3.1　台风浪过程后报检验

分析南黄海的历史大浪数据可以发现,台风和冷空气是引起该海域大浪的主要天气过程。本小节分别就三次台风浪过程进行后报模拟检验。模拟时采用的模型基本设置是一致的,计算时间步长为 5s,SWAN 与 ADCIRC 的中间数据交换频次为 1h 一次,方向分辨率为 12°,频率下限为 0.031 384°,迭代次数上限为 100,采用 GEN3 的 KOMEN 线性增长,并考虑了白冠覆盖、破碎、底摩擦等过程。

（1）2011 年第 9 号台风“梅花”

2011 年第 9 号台风“梅花”（Muifa）于 7 月 28 日 14 时在西北太平洋的菲律宾以东洋面上生成,西北向移动经过东海,然后北上到达黄海北部海域。受其影响,黄海和东海出现了一次狂浪到狂涛过程。计算时设置的模拟时间为 2011 年 8 月 1~11 日。同时,采用 Holland 模型风场与融合风场的模拟结果进行对比。

选取浮标 QF207 和 QF210 的观测数据,将模拟结果与之进行对比。图 4.25 为模型风场和融合风场模拟的有效波高与浮标观测值的对比。可以看出,融合风场的模拟结果与观测值之间的一致性较好,而模型风场则有明显偏差。

模型风场和融合风场的模拟结果相对浮标（QF207 和 QF210）观测值的误差见表 4.3,包括有效波高（H_s）和有效波周期（T_s）的平均绝对误差、平均相对误差和标准误差（仅统计了观测有效波高大于 2m 的数据）。可以看出,融合风场的各项误差普遍小于模型风场,模拟结果更加接近观测值,而且融合风场模拟的有效波高的平均相对误差不超过 22%。这都证明了该融合风场的准确性,因此在接下来的后报检验中只采用融合风场。

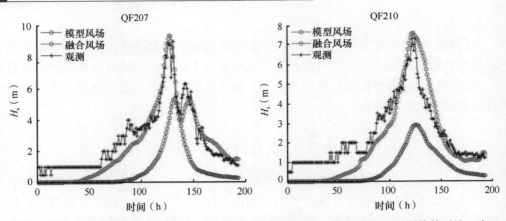

图 4.25　模型风场和融合风场模拟的有效波高与浮标（QF207 和 QF210）观测值的对比（台风"梅花"）

表 4.3　模型风场和融合风场的模拟结果相对浮标（QF207 和 QF210）观测值的误差（台风"梅花"）

浮标	参数	平均绝对误差		平均相对误差（%）		标准误差	
		模型风场	融合风场	模型风场	融合风场	模型风场	融合风场
QF207	H_s	1.9456	0.6395	70.77	18.75	1.1383	0.4256
	T_s	4.7953	2.9914	51.29	32.27	1.8285	1.9930
QF210	H_s	1.7546	0.7977	65.14	21.12	0.9612	0.5077
	T_s	4.1970	4.1448	43.51	44.39	2.4555	2.1994

注：平均绝对误差和标准误差中 H_s 的单位为 m，T_s 的单位为 s

（2）2012 年第 15 号台风"布拉万"

2012 年第 15 号台风"布拉万"（Bolaven）于 8 月 20 日上午在菲律宾以东洋面上生成，西北向移动经过东海，然后北上到达黄海北部海域。受其影响，黄海和东海出现了一次狂浪到狂涛过程。计算时设置的模拟时间为 2012 年 8 月 22～30 日。

选取浮标 QF205 和 QF207 的观测数据，将模拟结果与之进行对比。图 4.26 为融合风场模拟的有效波高与浮标观测值的对比。可以看出，模拟结果与观测值之间的一致性较好。对 QF205 来说，在台风到达之前，模拟的有效波高普遍小于观测值，偏小 1m 左右。这可能与该海域地形复杂、水深坡度变化较小引起的较强浅水效应有关。

融合风场的模拟结果相对浮标（QF205 和 QF207）观测值的误差见表 4.4，仅统计了观测有效波高大于 2m 的数据。可以看出，融合风场模拟的有效波高的平均相对误差不超过 22%，即模拟结果比较接近观测值。

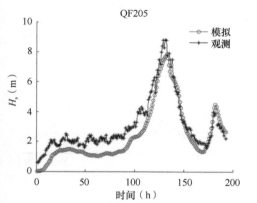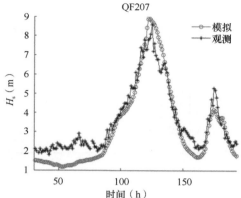

图 4.26 融合风场模拟的有效波高与浮标（QF205 和 QF207）观测值的对比
（台风"布拉万"）

表 4.4 融合风场的模拟结果相对浮标（QF205 和 QF207）观测值的误差
（台风"布拉万"）

浮标	参数	平均绝对误差	平均相对误差（%）	标准误差
QF205	H_s	0.7922	21.83	0.4250
	T_s	3.3109	33.07	1.8193
QF207	H_s	0.5999	19.01	0.3717
	T_s	2.7844	29.38	1.5765

注：平均绝对误差和标准误差中 H_s 的单位为 m，T_s 的单位为 s

（3）2012 年第 16 号台风"三巴"

2012 年第 16 号台风"三巴"（Sanba）在菲律宾以东洋面上生成，北向移动经过东海，然后在韩国登陆。受其影响，黄海南部和东海出现了一次巨浪到狂浪过程。计算时设置的模拟时间为 2012 年 9 月 10～20 日。

选取 QF201、QF205、QF207 和 QF210 四个浮标的观测数据，将模拟结果与之进行对比。图 4.27 为融合风场模拟的有效波高与观测值的对比。可以看出，模拟结果与观测值之间的一致性普遍较好，浮标 QF201 处模拟的有效波高比观测值要偏大一些。

融合风场的模拟结果相对浮标（QF201、QF205、QF207 和 QF210）观测值的误差见表 4.5，仅统计了观测有效波高大于 2m 的数据。可以看出，有效波高的平均绝对误差不超过 0.5m，平均相对误差不超过 14%，说明模拟的有效波高效果较好。

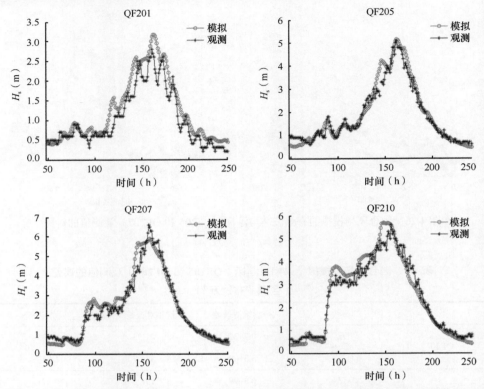

图 4.27　融合风场模拟的有效波高与浮标（QF201、QF205、QF207 和 QF210）观测值的对比
（台风"三巴"）

表 4.5　融合风场的模拟结果相对浮标（QF201、QF205、QF207 和 QF210）观测值的误差
（台风"三巴"）

浮标	参数	平均绝对误差	平均相对误差（%）	标准误差
QF201	H_s	0.3140	13.41	0.2280
	T_s	1.8120	25.23	0.4065
QF205	H_s	0.3290	10.47	0.2632
	T_s	1.5554	19.83	0.4749
QF207	H_s	0.3632	10.42	0.3122
	T_s	1.5737	18.89	0.6133
QF210	H_s	0.4179	11.54	0.2690
	T_s	1.9876	21.74	1.0330

注：平均绝对误差和标准误差中 H_s 的单位为 m，T_s 的单位为 s

4.3.2　冷空气浪过程后报检验

冷空气也是引起南黄海大浪的主要天气过程。本小节进行了两个冷空气浪过程的后报检验，分别是 2013 年 3 月 10 日和 2013 年 4 月 6 日的两次冷空气浪过程。模拟时采用的模型基本设置是一致的，计算时间步长为 5s，SWAN 与 ADCIRC 的中间数据交换频次为 1h 一次，方向分辨率为 12°，频率下限为 0.031 384°，迭代次数上限为 100，采用 GEN3 的 KOMEN 线性增长，并考虑了白冠覆盖、破碎、底摩擦等过程。

（1）2013 年 3 月 10 日的冷空气浪过程

2013 年 3 月 10～11 日，受到冷空气的影响，黄海和东海出现了一次大浪过程。计算时设置的模拟时间为 2013 年 3 月 7～13 日。选取 QF201、QF205、QF207 和 QF210 四个浮标的观测数据，将模拟结果与之进行对比。图 4.28 为融合风场模拟的有效波高与浮标观测值的对比。可以看出，除了在有效波高时间序列的峰值区有一些偏差，整体上模拟结果与观测值之间的一致性良好。

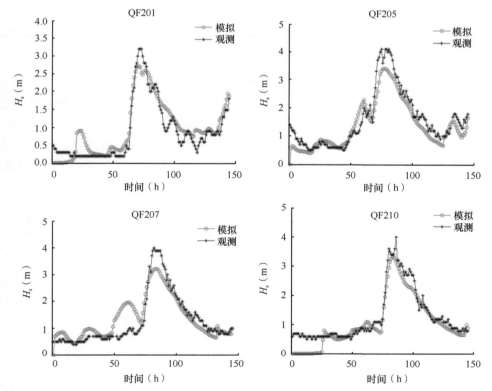

图 4.28　融合风场模拟的有效波高与浮标（QF201、QF205、QF207 和 QF210）观测值的对比（2013 年 3 月 10 日的冷空气浪过程）

融合风场的模拟结果相对浮标（QF201、QF205、QF207 和 QF210）观测值的误差见表 4.6，仅统计了观测有效波高大于 2m 的数据。可以看出，有效波高的平均绝对误差不超过 0.5m，平均相对误差不超过 16%，说明模拟的有效波高效果较好。

表 4.6　融合风场的模拟结果相对浮标（QF201、QF205、QF207 和 QF210）观测值的误差（2013 年 3 月 10 日的冷空气浪过程）

浮标	参数	平均绝对误差	平均相对误差（%）	标准误差
QF201	H_s	0.2796	10.44	0.1751
	T_s	2.7501	34.14	0.7282
QF205	H_s	0.4902	15.08	0.2708
	T_s	1.9014	24.28	0.7978
QF207	H_s	0.4239	12.75	0.2716
	T_s	2.4520	29.16	0.6678
QF210	H_s	0.3648	12.17	0.1862
	T_s	2.3238	29.37	0.6649

注：平均绝对误差和标准误差中 H_s 的单位为 m，T_s 的单位为 s

（2）2013 年 4 月 6 日的冷空气浪过程

2013 年 4 月 6～7 日，受到出海低压与冷空气的配合影响，黄海和东海出现了一次大浪过程。计算时设置的模拟时间为 2013 年 4 月 1～10 日。选取 QF207、QF210 两个浮标的观测数据，将模拟结果与之进行对比。图 4.29 为融合风场模拟的有效波高与浮标（QF207、QF210）观测值的对比。可以看出，模拟结果与观测值之间的一致性良好。

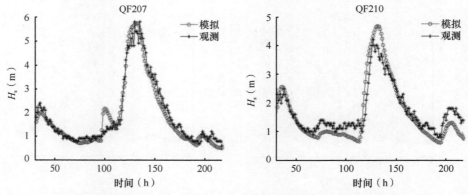

图 4.29　融合风场模拟的有效波高与浮标（QF207、QF210）观测值的对比（2013 年 4 月 6 日的冷空气浪过程）

　　融合风场的模拟结果相对浮标（QF207、QF210）观测值的误差见表 4.7，仅统计了观测有效波高大于 2m 的数据。可以看出，有效波高的平均绝对误差不超过 0.5m，平均相对误差不超过 14%，说明模拟的有效波高效果较好。

表 4.7　融合风场的模拟结果相对浮标（QF207、QF210）观测值的误差（2013 年 4 月 6 日的冷空气浪过程）

浮标	参数	平均绝对误差	平均相对误差（%）	标准误差
QF207	H_s	0.3706	10.23	0.1821
	T_s	1.6279	18.16	0.7340
QF210	H_s	0.4238	13.65	0.3529
	T_s	1.6972	19.63	0.8388

注：平均绝对误差和标准误差中 H_s 的单位为 m，T_s 的单位为 s

　　综上，本章介绍了风暴潮-海浪灾害耦合预报技术的实际应用，包含模型基本设置、风暴潮预报模型对台风风暴潮和温带风暴潮的预报及检验、海浪预报模型对台风浪过程和冷空气浪过程的预报及检验等内容。

　　本研究综合考虑南黄海的港口、渔场、湿地及人工岛等涉海设施的岸线和水深特征，采用可以较准确地描述南黄海辐射沙脊群海域地形特征的水深数据，建立了辐射沙脊群海域的精细化非结构化网格。然后，基于海浪-风暴潮耦合的 SWAN+ADCIRC 数值模型，考虑水深、地形、潮位对近岸浪的影响，以及波浪的折射和绕射、浅水效应、波浪破碎、非线性波-波相互作用、底摩擦、近岸流等多种物理过程，采用非结构化网格技术、并行计算技术及海浪-风暴潮实时耦合技术，采用外海浮标、附近海洋站等观测资料，对模型进行后报检验和预报检验，通过可调参数和物理过程的优化，建立了适用于南黄海辐射沙脊群海域的海浪精细化预报系统。

　　建立的海浪精细化预报系统已经实现业务化运行，可以提供未来 72h 内的海浪有效波高、波向、周期等要素的预报产品，海浪有效波高大于 2m 的平均相对预报误差小于 22%。该预报系统不仅可以为南黄海辐射沙脊群海域的海浪灾害防御工作提供技术保障，还可以为该海域的海浪特征分析和时空分布研究提供支撑。在研究工作中建立了一套基于非结构化网格、考虑多种物理过程、海浪-风暴潮耦合的适用于南黄海辐射沙脊群海域的近岸浪精细化预报系统，其主要研究特色为：①通过精细化的非结构化网格可以较准确地刻画南黄海辐射沙脊群海域的复杂地形，重点岸段的网格分辨率达到了 100m 左右；②该预报系统综合考虑了水深、地形、潮位对近岸浪的影响，以及波浪的折射和绕射、浅水效应、波浪破碎、非线性波-波相互作用、底摩擦、近岸流等多种物理过程。

第 5 章

南黄海辐射沙脊群海域风暴潮
漫堤灾害评估技术

本章介绍南黄海辐射沙脊群海域风暴潮漫堤灾害评估技术的理论方法和实际应用，并以大丰海域及港区的极端风暴潮潮位分析、台风风暴潮漫堤情景模拟为例系统介绍灾害评估技术。

5.1　灾害评估技术简介

在研究工作中，将南黄海辐射沙脊群海域选定为研究区域，其位于江苏省盐城市，东至大丰海堤，西至国道 G228，北至斗龙港，南至川水港，面积约 500km²。江苏省的沿岸海滩以粉砂淤泥质为主，潮滩湿地资源丰富，并且相当部分区域位于平均高潮位以下。在风暴潮期间，沿海潮位迅速增长，不仅会淹没现有潮滩、城镇，造成巨大的经济损失，还会对江苏省岸线的稳定性造成极大的冲击。因此，需要基于风暴潮漫堤灾害评估技术，对该区域受灾害影响的风险进行分区划定，明确防灾减灾的权责区划。

历史上有多次特大台风风暴潮对江苏省造成了重大损失。例如，1939 年一次特大台风风暴潮袭击江苏省中北部沿海地区，造成海堤大量被冲毁，潮水漫溢，仅滨海和射阳两县溺死人数就超过 13 000 人，受潮水浸淹的棉田面积超过 1.4×10^4hm²；1981 年第 14 号台风影响江苏沿海，多处海堤遭受严重破坏，南部吕四附近，海堤原有干砌块石护坡被暴风浪成片掀起，倒入海中，堤身大面积损毁，有的地段只剩一小段土墩；2012 年 8 月第 10 号台风"达维"（Damrey）造成江苏省 80.1 万人受灾，12.5 万人紧急转移，近 700 间房屋倒塌，1.4 万间房屋不同程度受损。江苏省人口稠密、经济发达、自然资源丰富、开发前景广阔，因此进行江苏沿海地区的极端潮位分析，并在此基础上进行风暴潮漫堤灾害评估分析，具有重大的现实意义。

通过收集研究区的潮位资料，采用自动分潮优化等技术，分析了大丰海域的潮汐、风暴潮特性；基于东海风暴潮-天文潮耦合数值预报模型，构建了南黄海精细化风暴潮-天文潮耦合数值预报模型，并进行了模型验证；在此基础上，根据该海域沿海的台风特性，进行了假想台风设计，并利用数值模型完成了大丰海域不同区域的极端潮位过程计算。同时，针对研究区的海堤标准和海堤所在区域的极端潮位过程，分析了海堤漫顶的可能性，构建了大丰海域大尺度漫堤模型和大丰港区小尺度漫堤模型，设计了不同漫顶高度的情景集；采用二维水动力学模型模拟了各漫堤情景下堤内淹没过程，获取最大淹没范围和淹没深度。在此基础上，以大丰港区为例进行了风暴潮灾害损失评估的实证分析。本章将从以上几个方面，详细介绍本部分研究成果。

5.2　大丰海域及港区的极端风暴潮潮位分析

5.2.1　大丰海域潮汐特性分析

综合考虑潮位观测站的分布位置和研究区域的代表性，将研究重点放在江苏省中部地区——大丰海域。因此，选取大丰港潮位观测站连续 7 年（2007～2013年）逐时的潮位观测数据进行潮汐调和分析，分析大丰海域的潮汐特性。根据潮汐理论，对某一具体海区的潮汐进行预报，先要对实际发生的潮汐进行观测，根据实测资料进行潮汐分析，求出调和常数，再由调和常数进行潮汐推算。

目前关于潮汐调和分析，一般的做法是采用固定的 128 分潮系列（个别或为157 分潮），用一年的逐时潮位资料，按最小二乘法求得每一分潮的振幅和迟角，即调和常数，并用于推算任意日期的潮汐。不过仅此 100 多个分潮，对主要用于推算公海测站的潮汐、编印为航运和渔业所用的潮汐表或许是可行的，但对于为沿海防汛服务的水利系统来说，这样预报的精度不高，其原因是分潮数少。因为水利系统潮位观测站通常位于浅水、岸线曲折复杂的近岸和河口地区，那里潮汐的变化比外海更为复杂。采用自动分潮优化技术，可从大量的分潮中择优选出有效的分潮，从而提高分析和预报的精度。

1. 自动分潮优化技术

复杂的潮位过程线 $h(t)$ 是由许多简谐振动叠加组成的，每一个简谐振动称为一个分潮。潮汐理论给出了描述一个测站潮位的理论表达式：

$$h(t) = A_0 + \sum_{j=1}^{m} f_j H_j \cos\left(\sigma t + v_0 + u - g\right)_j \tag{5.1}$$

式中，σ_j 为分潮角速率；$(v_0 + u)_j$ 和 f_j 分别为分潮天文初相角和节点因数；A_0 为平均海面；H_j 和 g_j 分别为分潮振幅和迟角，为待求的分潮调和常数。调和常数 H_j 和 g_j 需要由实测资料确定，将实测逐时潮位资料写为

$$h_p(t) = A_0 + \sum_{j=1}^{m} R_j \cos\left(\sigma_j t - \theta_j\right) \tag{5.2}$$

式中，R_j 为分潮振幅；θ_j 为分潮初相角。对比式（5.1）和式（5.2），可知：

$$f_j H_j = R_j$$
$$\left(v_0 + u - g\right)_j = -\theta_j \tag{5.3}$$

因此，有

$$\left.\begin{array}{l} H_j = R_j / f_j \\ g_j = \left(v_0 + u + \theta\right)_j \end{array}\right\} \tag{5.4}$$

上述即为计算调和常数的公式。

因此，需要从实测资料中将各分潮分离出来，消除掉其他不需要的分潮，对剩下的所求分潮，求出振幅 R_j 和初相角 θ_j，即可由式（5.4）求得调和常数。

目前，用计算机按最小二乘法对潮汐进行分析和预报所依据的原理都是相同的，但各自对分潮的选择、对数据的处理及编程技巧等不尽相同，结果可能有些区别。就分潮数目来说，大多是 63 个、128 个或 157 个固定的分潮。水利部门沿

海水情业务部门为开展汛期防洪，需要进行岸边潮位的预报，且观测潮位站多位于地形复杂的岸边和河口地区，那里的潮波变形显著，潮汐变化复杂，需要更高精度的潮汐预报。自动分潮优化调和分析选取了 306 个分潮，是分潮数比较多的。但分潮数也并非越多越好，许多小分潮对最后预报值的贡献作用不大，相反，计算的舍入误差、噪声影响等反而对预报潮位有一定的负面影响。本项目采用分潮优化方法，自动删除对潮位预报水域作用不大的分潮，形成新的分潮系列，再进行第二次潮汐分析，并统计误差。

2. 潮汐特性值

基于大丰港站 2007～2013 年逐时潮位资料的统计分析发现，大丰海域出现最高潮位的月份基本是 8～10 月，且以 8 月居多，占统计数据的 57.1%。对大丰港站 2007～2013 年的观测潮位进行调和分析。选取 14 个主要的分潮进行分析，14 个主要分潮包括 4 个半日分潮（M_2、S_2、N_2、K_2）、4 个日分潮（K_1、O_1、P_1、Q_1）、3 个浅水分潮（M_4、MS_4、M_6）、3 个长周期分潮（S_a、S_{sa}、M_{sf}），结果如图 5.1、表 5.1 和表 5.2 所示。

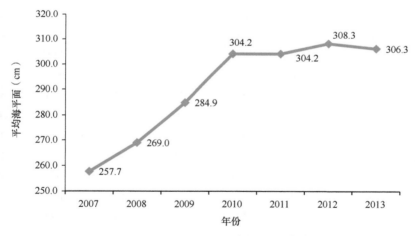

图 5.1　2007～2013 年大丰海域平均海平面升降趋势

表 5.1　2007～2013 年大丰海域 14 个主要分潮的振幅　　（单位：cm）

分潮	2007 年	2008 年	2009 年	2010 年	2011 年	2012 年	2013 年
M_2	166.0	158.7	163.6	162.9	159.3	161.9	161.5
S_2	60.5	65.6	58.9	58.2	57.7	56.8	58.2
N_2	25.8	22.4	24.9	26.8	26.1	25.1	25.6
K_2	16.7	17.0	17.0	16.2	15.9	15.7	16.3
K_1	24.0	23.6	24.3	24.5	23.9	24.2	24.1

续表

分潮	2007 年	2008 年	2009 年	2010 年	2011 年	2012 年	2013 年
O_1	18.1	14.3	18.3	17.8	18.4	17.8	18.4
P_1	6.3	1.0	5.1	5.9	5.5	5.9	5.9
Q_1	4.0	2.7	2.7	2.7	3.7	2.9	3.4
M_4	19.7	14.6	20.2	20.3	19.7	20.4	20.5
MS_4	13.5	12.9	13.8	13.6	13.3	13.1	13.6
M_6	4.9	3.4	5.1	4.8	4.7	4.6	4.3
S_a	14.5	14.2	44.2	15.3	23.4	17.5	14.9
S_{sa}	6.7	4.8	1.9	4.7	1.9	6.1	4.2
M_{sf}	3.3	1.4	2.5	2.4	2.1	2.9	2.5

表 5.2　2007～2013 年大丰海域 14 个主要分潮的迟角　　（单位：°）

分潮	2007 年	2008 年	2009 年	2010 年	2011 年	2012 年	2013 年
M_2	320.0	316.0	320.8	321.8	322.1	321.8	321.2
S_2	24.9	22.9	28.9	28.1	30.1	28.8	27.7
N_2	286.0	277.1	293.2	294.3	296.9	297.4	298.6
K_2	17.6	48.1	19.8	20.1	22.5	19.3	20.3
K_1	57.7	66.0	62.6	60.4	60.6	60.8	61.5
O_1	353.2	334.1	350.7	351.8	351.9	354.1	351.6
P_1	42.7	81.4	59.3	50.0	42.2	41.4	47.4
Q_1	322.2	263.5	314.6	328.6	317.9	313.1	311.1
M_4	138.4	135.2	141.2	142.6	143.3	144.2	142.8
MS_4	191.2	197.9	199.0	198.0	201.0	199.5	198.7
M_6	359.3	354.2	11.7	14.8	12.8	10.7	10.3
S_a	174.1	163.8	175.1	146.5	151.2	149.1	134.8
S_{sa}	2.6	158.8	326.5	338.2	274.3	288.6	6.3
M_{sf}	17.2	2.4	271.9	42.7	149.3	319.6	52.4

从图 5.1 可以看出,大丰海域近几年的平均海平面呈现先不断上升,然后逐渐趋于稳定的趋势。从表 5.1 可以看出,大丰海域潮汐的所有分潮中,半日分潮 M_2 振幅最大,M_2 分潮的振幅接近 S_2 分潮的 3 倍。浅水分潮是潮波从深水传至海岸后,由于水深的变化而引起的分潮。大丰海域浅水分潮的大小随时间的变化不大,此处潮波变形程度接近,说明海底地形没有较大的变化。

为了分析大丰海域的潮汐特征,利用计算得到的调和常数计算该站点潮汐的特征参数。

· 82 ·

（1）潮形系数 K

为划分不同潮汐类型，可用潮形系数来表示，表达式采用下式：

$$K = \frac{R_{O_1} + R_{K_1}}{R_{M_2} + R_{S_2}} \tag{5.5}$$

式中，R_{O_1}、R_{K_1}、R_{M_2}、R_{S_2} 分别为 4 个主要分潮 O_1、K_1、M_2、S_2 的振幅。

根据所得的潮汐调和常数，取近 7 年（2007～2013 年）的平均值，确定大丰海域的潮汐系数为 K=0.23，因此该海域的潮汐属于规则半日潮（表 5.3）。这与有关单位提出的关于我国沿海潮汐类型分布总的特点"东海沿岸大多属于规则半日潮"一致。

表 5.3　潮汐系数和潮汐类型

潮汐类型	规则半日潮	不正规半日潮	不正规日潮	规则日潮
K（含上限）	0～0.25	0.25～1.50	1.50～3.00	3.00～∞

（2）变形系数 A 和位相差 G

正如上面分析的，大丰海域浅水分潮在近 7 年（2007～2013 年）的变化程度接近一致，因此，为研究潮波自深水传至海岸后的变形情况和潮汐的涨落潮差异，分别用变形系数 A 和位相差 G 来衡量，计算公式为

$$A = H_{M_4} / H_{M_2} \tag{5.6}$$

$$G = 2g_{M_2} - g_{M_4} \tag{5.7}$$

大丰海域的潮汐变形系数 A=0.12，潮汐位相差 G=139.8°。由于潮汐变形系数 A 大于 0.1，因此大丰海域的潮汐变形显著，受浅水分潮的影响显著。潮汐位相差 G 介于 0° 到 180° 之间，说明落潮历时大于涨潮历时，落潮流占优。

（3）半日潮龄

根据平衡潮的定义，在一个朔望月中出现朔或望时应该发生大潮，但实际上要推迟 1～3d 才能发生大潮，推迟的时间称为半日潮龄。半日潮龄以小时计，计算公式为

$$T = \frac{g_{S_2} - g_{M_2}}{\sigma_{S_2} - \sigma_{M_2}} = 0.984(g_{S_2} - g_{M_2}) \tag{5.8}$$

大丰海域半日潮龄为 T=65.8h，合 2.7d，即在一个月中大丰港站要在朔或望出现后 2.7d 左右才会出现大潮。

5.2.2　大丰海域风暴潮特性分析

台风或寒潮引起的风暴增水可以用实测潮位减去相应时刻的天文潮位得到。2007～2013 年大丰海域风暴增水月分布情况统计如图 5.2 所示。

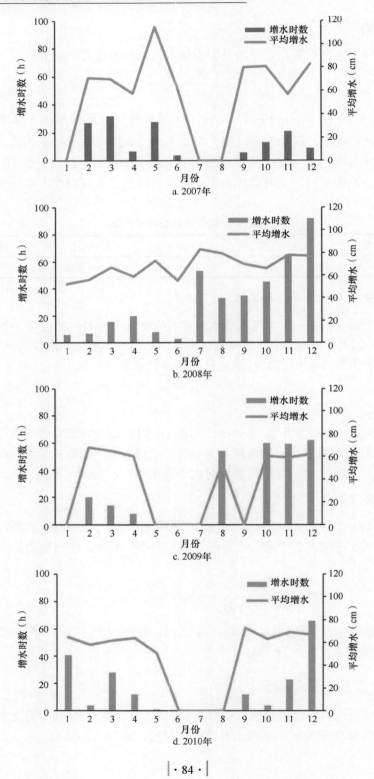

a. 2007年

b. 2008年

c. 2009年

d. 2010年

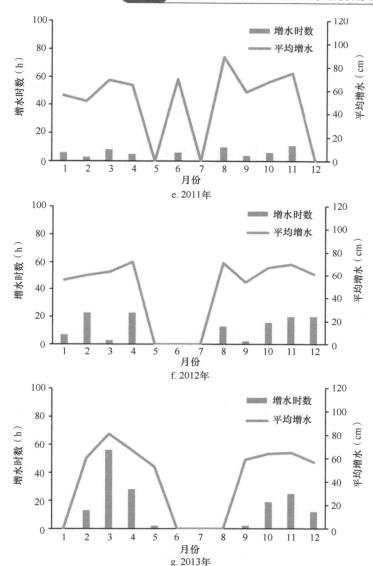

图 5.2 2007～2013 年大丰海域风暴增水月分布情况统计

从图 5.2 可以看出，大丰海域的风暴增水时数接近"M"形分布，平均增水接近"U"形分布。1 月风暴增水时数较小，但是平均增水普遍较大；2～4 月和10～12 月的风暴增水时数与平均增水普遍较大；5～9 月的风暴增水时数和平均增水普遍较小。

2～4 月增水时数与平均增水普遍较大，原因可能在于温带气旋引起的风暴作用效果。温带气旋引起的风暴潮主要发生在冬、春季节，水位变化是持续性的。增水时数存在月分布不均的现象，2013 年增水时数最大的是 3 月，达到 56h，而其余月份的增水时数不超过 3 月的一半，甚至为 0。同时，2013 年 3 月平均增水达到 80.71cm，为 3 个月份当中最高的增水值。同理，其他年份也有类似现象。由此说明，由温带气旋引起的风暴增水具有持久、作用效果明显的特征。

5~7 月基本上没有较大的潮位激增情况，在没有台风影响的情况下，5~7月应该是相对平静的月份，平均每月增水超过 50cm 的次数不超过 1 次，超过 50cm的增水也相对较小，平均不超过 60cm。但如若台风过境，依旧会形成较大的增水。例如，2008 年 7 月过境的第 8 号台风"凤凰"从江苏转向朝鲜半岛，造成当月出现长时间的风暴增水。

8~12 月属于台风多发期，风场和气压场的变化较快，水位变化剧烈。根据该时期台风的移动路径，绝大部分台风是到东海后转向东北，向日本、朝鲜半岛方向移动。尽管台风正面登陆江苏的次数相对较少，但是由台风造成的气压场变化仍旧对江苏地区有所影响，平均每月增水超过 50cm 的时间基本在 40h 以上，且平均增水基本在 60cm 以上，甚至 70cm 以上。取 2012 年 8 月的数据进行分析，根据当年台风的情况，8 月 2 日左右，第 10 号台风"达维"正面袭击江苏北部，造成当地潮位达到当月最高潮位之一，且潮位逐时增长率最高达到 184cm/h。统计 2007~2013 年对江苏造成直接影响的台风，如表 5.4 所示。若天文大潮与年最高潮位遭遇，就可能出现该年度的最高潮位（2011 年），当台风外围风场影响大丰海域时，就会出现明显的风暴增水。

表 5.4　2007~2013 年影响江苏省的台风汇总表

年份	2007	2008	2008	2009	2010	2011	2012	2012
台风名称	韦帕	海鸥	蔷薇	莫拉克	圆规	梅花	达维	布拉万
台风编号	0713	0807	0815	0908	1007	1109	1210	1215
影响日期	9 月 18~ 20 日	7 月 19~ 20 日	9 月 28~ 30 日	8 月 11 日	8 月 31~9 月 2 日	8 月 6~8 日	8 月 2 日	8 月 22 日
最高潮位（cm）	491	510	491	552	500	624	601	626
最大增水（cm）	47	71	66	59	47	122	81	98

注：理论基面为废黄河零点−187cm，表中的最高潮位为台风影响期间整点潮位

5.2.3　风暴潮-天文潮耦合数值预报模型

为了研究大丰海域的极值潮位，本次研究采用东海风暴潮台风浪一体化数值预报模型提供外海边界，以此建立了南黄海近海风暴潮-天文潮耦合数值预报模型。

1. 东海风暴潮-天文潮耦合数值预报模型

（1）模型范围

风暴潮模型范围及水深如图 5.3 所示。模型覆盖范围为 23.4°~41.1°N、117°~

130.9°E，网格分辨率为0.1°。外海边界处的潮位由多年的调和常数根据台风发生的时段自动进行计算，计算时间步长为1min。

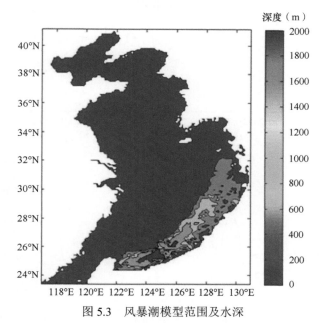

图5.3　风暴潮模型范围及水深

（2）模型验证

利用模型结果对两个台风过程进行了验证。首先，以2012年第10号台风"达维"（Damrey）为对象进行验证（图5.4）。该台风于2012年7月28日20时生成，7月31日8时加强为强热带风暴，8月1日8时加强为台风，并于下午进入黄海，强度继续增大，8月2日21时30分前后在江苏省响水县陈家港镇沿海登陆，登陆时中心最大风力达12级（35m/s）。之后，"达维"于8月3日1时在江苏省连云港市减弱为强热带风暴，4时进入山东省，9时在山东省沂源县减弱为热带风暴。8月4日2时热带风暴"达维"进入渤海，之后强度继续减弱，8时在渤海北部减弱为热带低压，同时停止对其编号。

其次，以2011年第9号台风"梅花"（Muifa）为对象进行验证（图5.5）。该台风于2011年7月28日14时在西北太平洋洋面上生成，7月30日8时加强为强热带风暴，14时继而增强为台风，20时加强为强台风，7月31日2时加强为超强台风，20时减弱为强台风，8月3日凌晨再次加强为超强台风，20时减弱为强台风，8月6日15时在东海海面减弱为台风，8月7日21时减弱为强热带风暴，8月8日17时减弱为热带风暴。

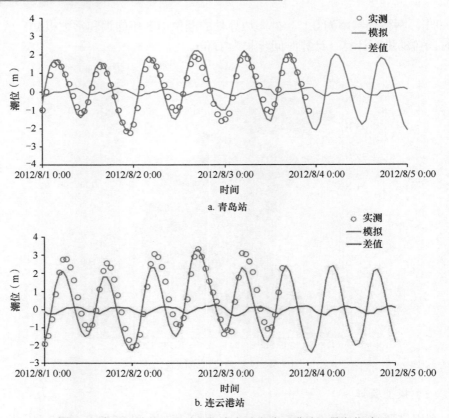

a. 青岛站

b. 连云港站

图 5.4 台风"达维"影响期间青岛站和连云港站风暴潮位验证

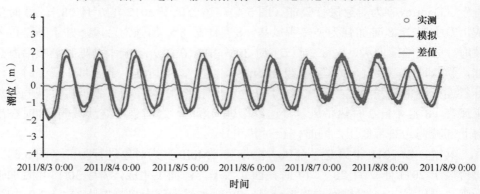

图 5.5 台风"梅花"影响期间响水站风暴潮位验证

以上验证结果表明，该模型能较好地模拟台风影响期间的潮位，可以为本次研究中的大丰海域极值潮位研究提供外海边界。

2. 南黄海风暴潮-天文潮耦合数值预报模型

（1）计算范围及网格剖分

首先，建立了南黄海二维潮波、风暴潮模型，模型范围从长江口至成山头，如图 5.6 所示。采用非结构化三角形网格进行离散，近岸最小网格为 300m。整个计算区域包括 74 905 个网格点，共 146 533 个网格单元。时间步长取 30s。本模型的海域资料为实测数据，并根据当前最新海图对近岸水深和岸线进行修正，基准面为 1985 国家高程基准。

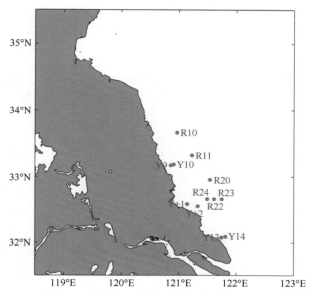

图 5.6　南黄海天文潮风暴潮模型计算范围

（2）边界条件

模型的开边界包括南、东、北三个水域边界，由东海潮波数值模型提供潮位过程。东海潮波数值模型计算范围南起 $23°30'N$，北至 $40°30'N$，南北相距 $17°$；西起 $117°E$，东至 $131°E$，东西横跨 $14°$。由东海风暴潮台风浪一体化模型推算出边界上 135 个网格点逐时步的潮位过程。

（3）方程参数率定

方程参数率定主要保障以下三个条件。其一是曼宁系数，该系数反映底床摩阻大小，即河床和水流的相互作用，对海域流速有较大的影响，本模型中曼宁系数的获取是根据地形水深赋值，取值为 41～67。其二是涡黏系数，该系数是 Boussinesq 假定中类比层流黏性应力计算紊动附加应力时引入的参数，本模型根据 Smagorinsky 公式取为 0.28。其三是初始条件，初始时刻（$t=0$）海水静止，水面无扰动，即 $U=0$、$V=0$、$\zeta=0$。

（4）模型验证

首先根据 2006 年 8 月 24～25 日大潮期间江苏沿海多个水文观测站同时步观测的潮位、流速资料对本模型进行验证，验证结果见图 5.7、图 5.8，并通过调整模型边界和床面糙率使模型的模拟结果与观测值尽量吻合。再用 2013 年 10 月 7～8 日大潮期间沿江苏省岸线的 4 个潮位站的潮位观测资料对调整后的模型进行复核验证，验证结果见图 5.9，以确保模型能够真实反演实际情况。各水文观测站和潮位观测站布置见图 5.6 所示。

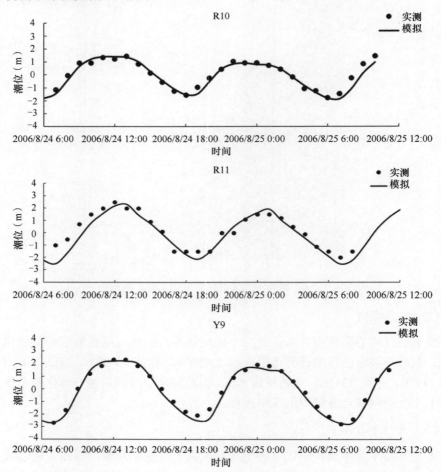

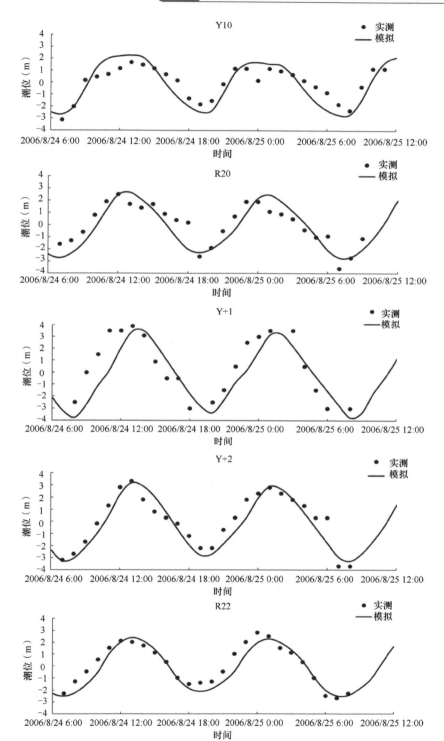

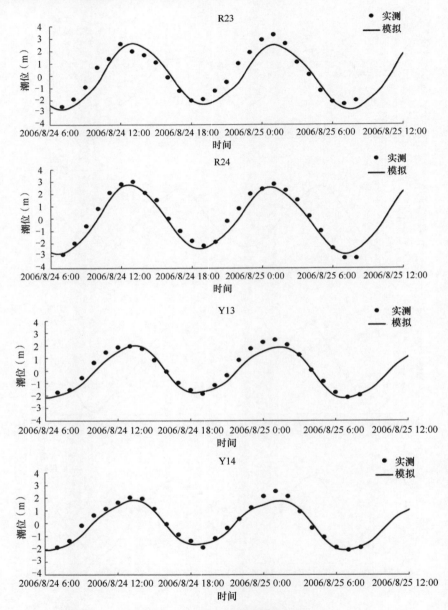

图 5.7　2006 年大潮期间潮位验证

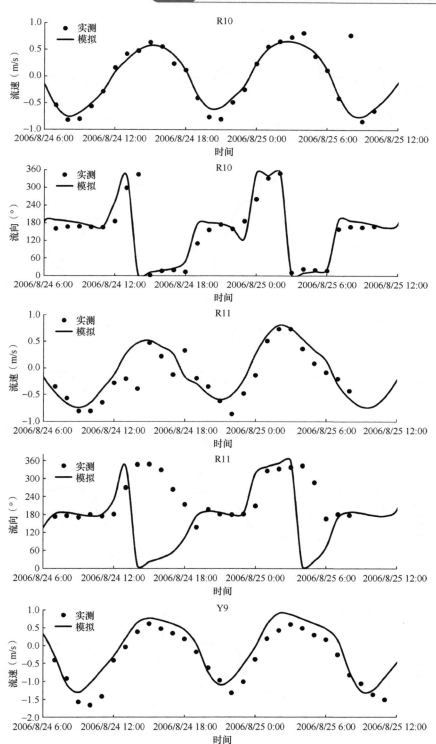

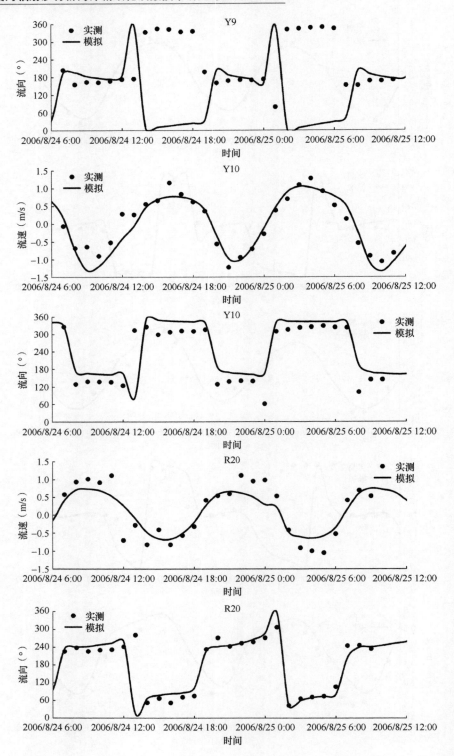

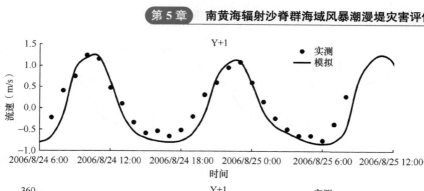

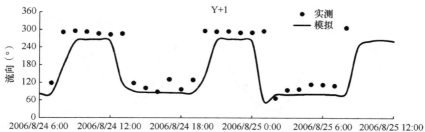

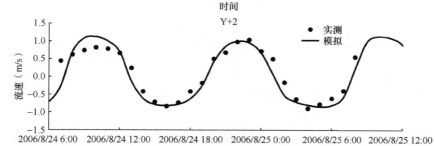

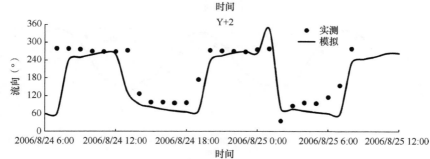

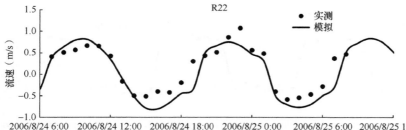

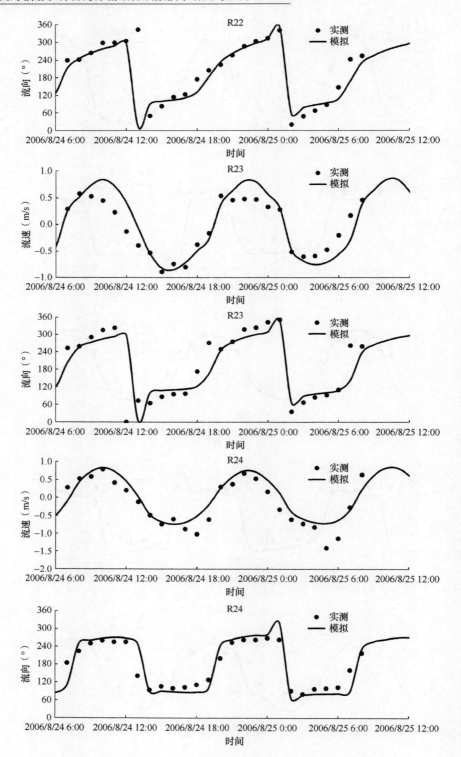

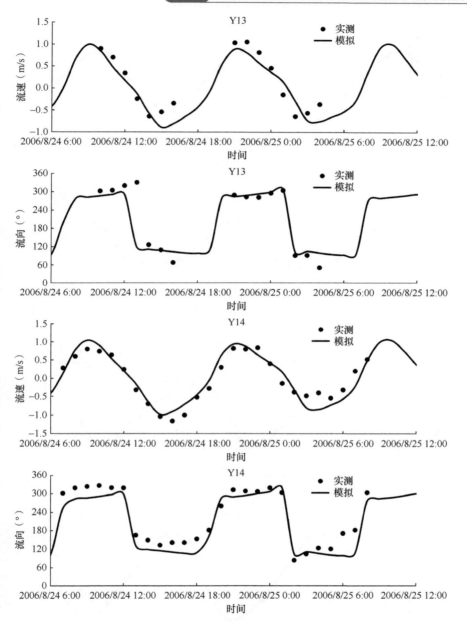

图 5.8　2006 年大潮期间流速、流向验证

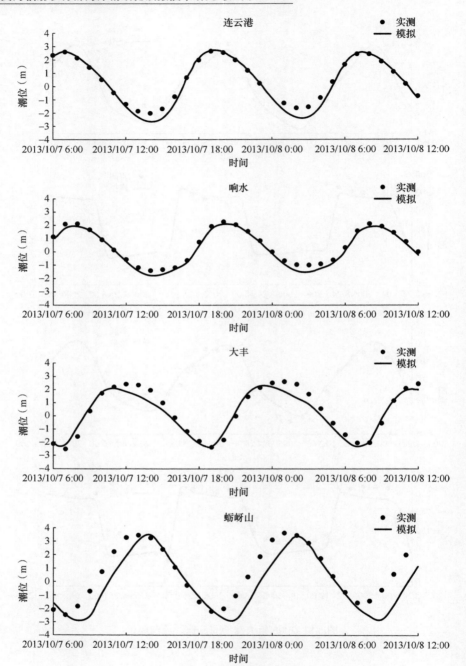

图 5.9　2013 年大潮期间潮位验证

上述验证结果表明，潮位模拟结果与实测值吻合良好，本模型能够较为准确地模拟研究海域的天文潮潮波。采用江苏近海风暴潮-天文潮耦合数值预报模型对台风"达维"影响期间连云港站的风暴潮位进行模拟，结果表明该模型能较好地模拟出台风影响期间的最高潮位（图 5.10）。

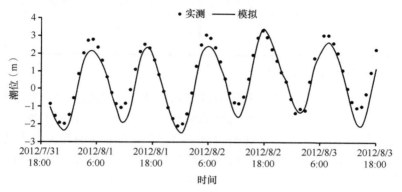

图 5.10　台风"达维"影响期间连云港站风暴潮位验证

5.2.4　大丰海域及港区极端潮位设计

（1）年最高潮位形成因素分析

根据大丰港站 2007～2013 年的潮汐月报表潮位数据，统计每年最高潮位出现的时间及成因，如表 5.5 所示。

表 5.5　2007～2013 年大丰海域年最高潮位汇总表

年份	2007	2008	2009	2010	2011	2012	2013
年最高潮位（cm）	560	536	584	583	624	626	596
出现月份	9	4	10	8	8	8	8
出现日期	1	9	8	10	7	28	22
出现时间	12:45	13:25	1:30	11:40	15:10	7:10	12:10
成因	天文大潮	—	—	天文大潮	梅花台风	布拉万台风	天文潮

注：表中基面为理论基面

从表 5.5 可以看出，大丰海域出现最高潮位的月份基本为 8～10 月，且以 8 月居多，占统计数据的 57.1%。每月在上旬出现最高潮位的时间居多，占全部时间段的 71.4%。从数据的时间分布来看，最高潮位主要出现在 12:00～14:00 这一时段，占统计数据的 42.9%。通过比较可知，若天文大潮与年最高潮位遭遇，就可能出现该年度的最高潮位，当台风外围风场影响大丰海域时，就会出现明显的风暴增水。由此可以断定，影响海域最高潮位的因素取决于台风对该海域的影响程度，还与天文潮强度有关。根据《大丰港区三期通用码头工程研究报告》，大丰港码头前沿设计水位如表 5.6 所示。

表 5.6　大丰港码头前沿设计水位

设计水位	理论深度基准面起算（m）	设计水位	理论深度基准面起算（m）
设计高水位	4.46	校核高水位	6.51
设计低水位	0.62	校核低水位	−0.52

（2）大丰海域假想台风设计

为了得到对大丰海域最不利的台风增水，本次研究收集 2007 年大丰海域的潮位观测资料，以及影响江苏海域的台风路径、强度及其引起的风暴增水。台风"达维"为首次在江苏登陆的台风，登陆时连云港站的最大增水达 1.67m。台风"梅花"为影响大丰海域的台风，但其风力大，气压低，大丰海域的增水是有资料以来最大的。因此，本次研究选择这两场台风作为设计假想台风的特征台风。

对挑选出来的 2 场特征台风进行适当组合，构建假想台风，以推算大丰海域的可能最大增水。构建假想台风的指导思想是以实际发生过的台风为基础进行不利组合，包括台风要素和台风路径。表 5.7 为这两场台风的特征参数。

表 5.7　"梅花""达维"两场台风的特征参数

台风	中心最低气压（hPa）	距大丰港站的最近距离（°）	7 级大风风圈半径（m）	距大丰港站最近时的中心气压（hPa）	大丰海域最大增水（m）	特征
梅花	950	3.0	200	970	1.22	增水最大
达维	960	0.8	380	960	0.81	苏北登陆

对比这两次台风，"达维"的强度小于"梅花"，但其登陆时连云港站的最大增水达到了 1.67m。设计假想台风路径选择登陆型台风。大丰海域位于"达维"的左风圈，根据台风风场的特点，设计假想台风路径时使大丰海域位于台风登陆时的右侧。将"达维"台风路径南移至大丰港站以南，且大丰港站位于台风登陆时的右侧，居于 10 级大风范围内。风速、气压等台风要素取这两场台风的气象要素极值。

由于大丰港站建站时间短，本次研究还收集了江苏沿海长期水位观测站的年极值资料，分析其成因，得出多年最高潮位的出现是天文潮与 1981 年第 14 号台风造成的风暴潮同时作用的结果。因此，采用 1981 年第 14 号台风强度，参考历史上在江苏海域登陆的 1977 年第 8 号台风登陆时的气象参数。结合"达维""梅花"的路径及台风参数，设计了 5 条台风路径，见表 5.8。

表 5.8 超设计标准的台风路径及特征

设计台风	特征	大丰海域最高潮位（cm）
台风_0	在大丰港南部登陆，登陆时中心气压为 970hPa，登陆时中心附近最大风速为 35m/s	668
台风_1	在大丰港登陆，登陆时中心气压为 960hPa，登陆时中心附近最大风速为 35m/s	694
台风_2	在大丰港南部登陆，登陆时中心气压为 965hPa，登陆时中心附近最大风速为 35m/s	674
台风_3	在大丰港南部登陆，登陆时中心气压为 975hPa，登陆时中心附近最大风速为 45m/s	664
台风_4	在大丰港南部登陆，登陆时中心气压为 955hPa，登陆时中心附近最大风速为 45m/s	744

注：路径走向采用与"达维"路径平行的路径走向

对这 5 条不利的台风路径模拟了大丰海域岸段前沿的水位、流速过程，为下一步分析漫堤的可能性研究提供了边界条件。

（3）大丰海域极端潮位值

基于大丰海域假想台风的特征参数，利用南黄海风暴潮-天文潮耦合数值预报模型，计算得到了大丰海域北部（A）、中部（B）、南部（C）区域代表点（其中 B 点为大丰港站）处的潮位过程，见图 5.11～图 5.15。图 5.16～图 5.20 为台风影响下大丰海域的极端潮位分布。

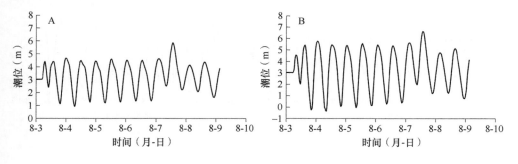

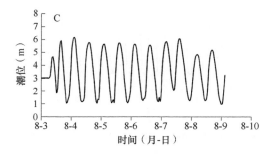

图 5.11 台风_0 影响下大丰海域不同代表点处的潮位过程

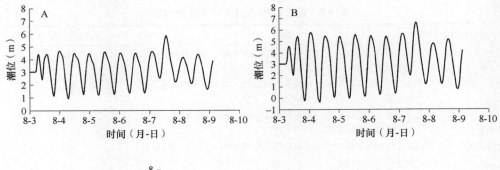

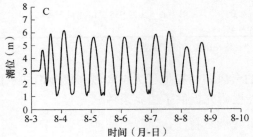

图 5.12　台风_1 影响下大丰海域不同代表点处的潮位过程

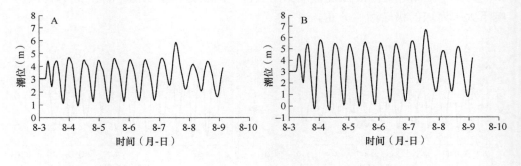

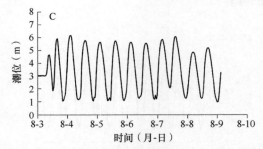

图 5.13　台风_2 影响下大丰海域不同代表点处的潮位过程

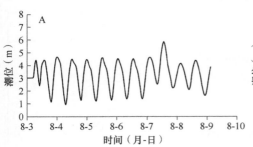

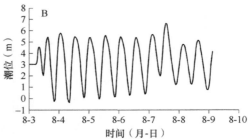

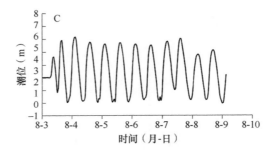

图 5.14　台风_3 影响下大丰海域不同代表点处的潮位过程

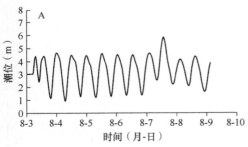

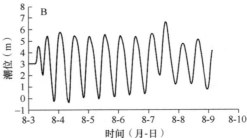

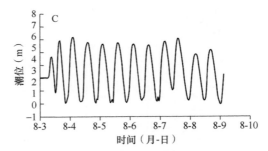

图 5.15　台风_4 影响下大丰海域不同代表点处的潮位过程

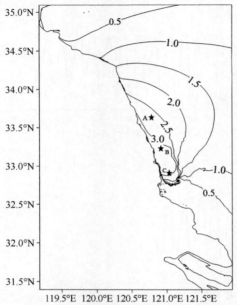

图 5.16　台风_0 影响下大丰海域的极端潮位
分布（单位：m）

潮位基面为平均海平面

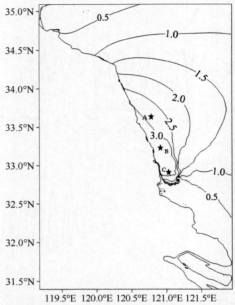

图 5.17　台风_1 影响下大丰海域的极端潮位
分布（单位：m）

潮位基面为平均海平面

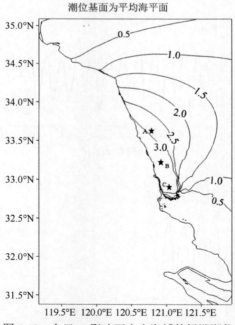

图 5.18　台风_2 影响下大丰海域的极端潮位
分布（单位：m）

潮位基面为平均海平面

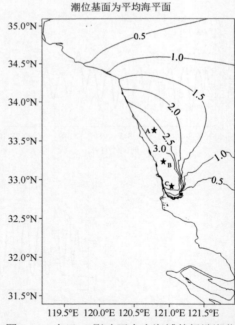

图 5.19　台风_3 影响下大丰海域的极端潮位
分布（单位：m）

潮位基面为平均海平面

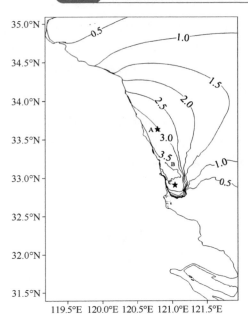

图 5.20　台风_4 影响下大丰海域的极端潮位分布（单位：m）

潮位基面为平均海平面

由表 5.9 可得，设计台风作用下，大丰海堤前沿的极端高潮位可超出设计标准约 1.0m。因此，在后面的场景模拟中，分别设计了超设计标准 1.0m、0.8m、0.5m 与 0.2m 四种情形进行淹没模拟。

表 5.9　大丰海域不同区域极端潮位统计　　　　　　　　　（单位：cm）

设计台风	A	B（大丰港站）	C
台风_0	572	668	611
台风_1	596	694	587
台风_2	584	674	575
台风_3	604	664	595
台风_4	637	744	627

5.3　大丰海域及港区的台风风暴潮漫堤情景模拟

5.3.1　台风风暴潮漫堤数值模型

1. 漫堤流量过程模拟

漫顶失事也是海堤坍垮的主要失事形式之一，漫顶失事也可看作一个系统的整体风险，它包括风暴潮高潮位作用引起的漫顶、波浪作用引起的漫顶、风暴潮和波浪共同作用引起的漫顶。本小节主要考虑的是由风暴潮高潮位作用引起的漫顶。在常规风暴潮条件下，出现漫堤的可能性非常小。一旦出现超标准风暴潮，潮水漫堤的可能性还是存在的，并且具有极大的危险。

2. 漫堤过程分析

漫堤进水的过程分为自由出流和淹没出流两种情况考虑，当外部水位高于堰顶高程开始进水时，洪水流入淹没区，满足自由入流的条件；当淹没区内水位不断上升，以至影响堰的过流能力时，满足淹没出流条件。

3. 漫堤流量计算公式

自由出流状态下的计算公式：

$$Q = \mu \times B \times \sqrt{2g} \times H^{1.5} \tag{5.9}$$

式中，μ 为流量系数，对于无坎宽顶堰取值为 0.2～0.3；B 为漫滩的岸线长度；H 为堰上水头，在开始进水时刻为外部潮位与滩地边缘高程的高度差。

淹没出流条件下的计算公式：

$$Q' = Q\left[1 - \left(\frac{H_2}{H}\right)^n\right]^{0.385} , \quad h_{下} > P \text{ 及 } z/P < 0.7 \tag{5.10}$$

式中，Q 为堰前水头为 H 时的自由出流流量；H_2 为淹没区水位高出堰顶的高度；n 为指数，本研究中取 $n=1.5$；$h_{下}$ 是淹没区水位；P 为淹没区内堰高；z 为高程。

5.3.2 洪水演进模拟模型

"洪水演进"就是水体由一个位置运动到另一个位置（用流量或水深来表示）的数学描述。目前，已经发展了多种洪水演进分析和仿真模型，其中研究最多、最广的是采用二维非恒定流理论实现的洪水演进数值模拟。用于描述二维水流运动的数值方法主要有有限差分法、有限体积法、有限元法，而每种方法都各有优缺点及适用条件。

1）有限差分法一般采用规则网格对下垫面进行离散处理，网格构建较为简单，但由于概化程度高，容易造成地形中一些具有阻水作用的地物地形的失真，从而对最终的模拟结果产生一定的影响。该方法是目前发展较为成熟的一种方法。

2）有限元法进行二维水流运动数值模拟的核心思想是进行离散运算，空间上采用有限元离散，时间上采用有限差分离散。该方法计算量较大，主要适用于近海、河口的二维水流模拟。

3）有限体积法采用不规则网格对下垫面进行概化，逐单元计算水量和水位。优点是物理意义明确，且较好地表达了地形中阻水地物的作用；缺点是网格划分的灵活性不够，且计算量较大等。

鉴于以上分析，利用数值计算方法进行淹没模拟的优点是计算结果精确、丰富，但所存在的局限性是它对数据要求高、运算量大，并且其主要适用于地势平坦、水流平缓的地区。在研究中，采用二维非恒定流模型，模拟漫堤后的洪水演进过程。

1. 基本方程

描述平面二维水流运动的基本方程组可以写为

$$
\begin{cases}
\dfrac{\partial Z}{\partial t} + \dfrac{\partial (uh)}{\partial x} + \dfrac{\partial (vh)}{\partial y} = q \\[3mm]
\dfrac{\partial u}{\partial t} + u\dfrac{\partial u}{\partial x} + v\dfrac{\partial u}{\partial y} + g\dfrac{\partial Z}{\partial x} + g\dfrac{n^2\sqrt{u^2+v^2}}{h^{4/3}}u - fv = \dfrac{\partial}{\partial x}\left(E_x\dfrac{\partial u}{\partial x}\right) + \dfrac{\partial}{\partial y}\left(E_y\dfrac{\partial u}{\partial y}\right) \\[3mm]
\dfrac{\partial v}{\partial t} + u\dfrac{\partial v}{\partial x} + v\dfrac{\partial v}{\partial y} + g\dfrac{\partial Z}{\partial x} + g\dfrac{n^2\sqrt{u^2+v^2}}{h^{4/3}}v + fu = \dfrac{\partial}{\partial x}\left(E_x\dfrac{\partial v}{\partial x}\right) + \dfrac{\partial}{\partial y}\left(E_y\dfrac{\partial v}{\partial y}\right)
\end{cases} \quad (5.11)
$$

式中，t、x、y 分别为自变量时间及平面坐标；$h=Z-Z_D$ 为水深，其中 Z 为水位，Z_D 为河床高程；u、v 分别为沿 x 和 y 方向上的流速；n 为糙率系数；f 为科氏参数；E_x、E_y 分别为 x 和 y 方向上的离散系数；q 为包括取排水在内的源项。

2. 边界条件

（1）固壁边界条件

对于固壁边界，严格来讲，应满足无滑移边界条件，即流速、紊动动能为零，紊动耗散率为有限值。但在实际应用过程中，该条件往往无法应用，这是因为固壁附近黏性层中，速度梯度极为陡峻，为了模拟保证效果，必须布置极为细密的网格，这样的计算非常费时。因此，实际常采用不穿透的条件，具体如下：

$$V \cdot n = 0 \quad (n \text{ 为固体边界的法向矢量}) \qquad (5.12)$$

（2）自由边界条件

自由边界一般分为上、下边界，有如下一些类型的边界条件。

上边界：$Z_上$ 为已知；或 u 为已知；或 Q 为已知，并假定水位无横比降。

下边界：$Z_下$ 为已知；或 u 为已知；或 Q 为已知，并假定水位无横比降。

3. 正交边界拟合坐标

（1）正交边界拟合坐标变换

由于计算区域边界复杂，且长、宽尺度相差悬殊，因而在直角坐标系下对二维浅水问题进行求解存在着复杂边界不易拟合、网格多等困难。为此，引进正交边界拟合坐标变换，将复杂的计算区域变换成规则的计算区域进行求解，在变换过程中可以根据需要布置网格的疏密。边界拟合坐标是美国密西西比州立大学汤普森（J. F. Thompson）等提出的，该方法的主导思路是寻找一种适当的变换将物理平面上的复杂边界变换成计算平面上的规则边界，令

$$\begin{cases} \xi = \xi(x, y) \\ \eta = \eta(x, y) \end{cases} \tag{5.13}$$

假定计算平面的坐标系统与原物理平面的直角坐标系统之间满足泊松方程：

$$\begin{cases} \dfrac{\partial^2 \xi}{\partial x^2} + \dfrac{\partial^2 \xi}{\partial y^2} = P(\xi, \eta, x, y) \\ \dfrac{\partial^2 \eta}{\partial x^2} + \dfrac{\partial^2 \eta}{\partial y^2} = Q(\xi, \eta, x, y) \end{cases} \tag{5.14}$$

通过方程（5.14）的变换，可以把 x-y 坐标平面上复杂的计算域转换成 ξ-η 平面上的矩形域，x-y 平面上的曲线网格变成 ξ-η 平面上间距为 1 的正方形网格。P、Q 为收缩因子，对变换结果有显著影响，其作用有二，适当选择 P、Q 可使网格疏密根据需要分布，或使曲线网格正交。

为了获得正交变换，下面利用水流运动的流函数和势函数的物理概念来推导收缩因子 P、Q 的表达式。恒定、有压有势的二维水流运动方程可以写为

$$\begin{cases} ru = -\dfrac{1}{\rho} \dfrac{\partial \eta}{\partial x} \\ rv = -\dfrac{1}{\rho} \dfrac{\partial \eta}{\partial y} \\ \dfrac{\partial (hu)}{\partial x} + \dfrac{\partial (hv)}{\partial y} = 0 \end{cases} \tag{5.15}$$

式中，u、v 为垂线平均流速；h 为水深；ρ 为流体密度；r 为摩阻系数；η 为压力势函数。

而对于二维有势运动，存在流函数 ξ，其与流速 u、v 的关系可以写为

$$\begin{cases} u = \dfrac{1}{h} \dfrac{\partial \xi}{\partial y} \\ v = -\dfrac{1}{h} \dfrac{\partial \xi}{\partial x} \end{cases} \tag{5.16}$$

由流函数与势函数的性质可知，曲线 ξ(x, y) = const. 与曲线 η(x, y) = const. 正交。

由方程组（5.16）可得

$$\dfrac{\partial}{\partial x}\left(\dfrac{h}{r}\dfrac{\partial \eta}{\partial x}\right) + \dfrac{\partial}{\partial y}\left(\dfrac{h}{r}\dfrac{\partial \eta}{\partial y}\right) = 0 \tag{5.17}$$

由方程（5.17）与无旋条件可得

$$\frac{\partial}{\partial x}\left(\frac{r}{h}\frac{\partial \xi}{\partial x}\right)+\frac{\partial}{\partial y}\left(\frac{r}{h}\frac{\partial \xi}{\partial y}\right)=0 \tag{5.18}$$

方程（5.18）与方程组（5.16）等价于

$$\begin{cases} \dfrac{\partial^2 \xi}{\partial x^2}+\dfrac{\partial^2 \xi}{\partial y^2}=-\dfrac{\partial \xi}{\partial x}\dfrac{\partial}{\partial x}\ln\left(\dfrac{r}{h}\right)-\dfrac{\partial \xi}{\partial y}\dfrac{\partial}{\partial y}\ln\left(\dfrac{r}{h}\right) \\[3mm] \dfrac{\partial^2 \eta}{\partial x^2}+\dfrac{\partial^2 \eta}{\partial y^2}=-\dfrac{\partial \eta}{\partial x}\dfrac{\partial}{\partial x}\ln\left(\dfrac{h}{r}\right)-\dfrac{\partial \eta}{\partial y}\dfrac{\partial}{\partial y}\ln\left(\dfrac{h}{r}\right) \end{cases} \tag{5.19}$$

比较方程（5.14）与方程（5.19）可得

$$\begin{cases} P(\xi,\eta,x,y)=-\dfrac{\partial \xi}{\partial x}\dfrac{\partial}{\partial x}\ln\left(\dfrac{r}{h}\right)-\dfrac{\partial \xi}{\partial y}\dfrac{\partial}{\partial y}\ln\left(\dfrac{r}{h}\right) \\[3mm] Q(\xi,\eta,x,y)=-\dfrac{\partial \eta}{\partial x}\dfrac{\partial}{\partial x}\ln\left(\dfrac{h}{r}\right)-\dfrac{\partial \eta}{\partial y}\dfrac{\partial}{\partial y}\ln\left(\dfrac{h}{r}\right) \end{cases} \tag{5.20}$$

又由方程（5.17）可得

$$r^2\left(u^2+v^2\right)=\frac{1}{\rho^2}\left[\left(\frac{\partial \eta}{\partial x}\right)^2+\left(\frac{\partial \eta}{\partial y}\right)^2\right] \tag{5.21}$$

由方程（5.18）可得

$$h^2\left(u^2+v^2\right)=\left(\frac{\partial \xi}{\partial x}\right)^2+\left(\frac{\partial \xi}{\partial y}\right)^2 \tag{5.22}$$

将方程（5.21）与方程（5.22）联立得

$$\frac{h}{r}=\rho\sqrt{\frac{\left(\dfrac{\partial \xi}{\partial x}\right)^2+\left(\dfrac{\partial \xi}{\partial y}\right)^2}{\left(\dfrac{\partial \eta}{\partial x}\right)^2+\left(\dfrac{\partial \eta}{\partial y}\right)^2}} \tag{5.23}$$

选 $\rho=1$ 得

$$\frac{h}{r}=\sqrt{\left[\left(\frac{\partial \xi}{\partial x}\right)^2+\left(\frac{\partial \xi}{\partial y}\right)^2\right]\Big/\left[\left(\frac{\partial \eta}{\partial x}\right)^2+\left(\frac{\partial \eta}{\partial y}\right)^2\right]} \tag{5.24}$$

所以，由上述方程所得到的变换是正交变换，可以把物理平面上复杂区域的正交曲线网格变换成计算平面上的规则均匀网格。

（2）基本方程变换

通过方程（5.14）的变换，可以把 x-y 坐标平面上复杂的计算域转换成 ξ-η 平面上的矩形域，x-y 平面上的曲线网格变成 ξ-η 平面上间距为 1 的正方形网格。改用新坐标系统的自变量 t、ξ、η 后，基本方程变为

$$\begin{cases} \dfrac{\partial Z}{\partial t} + \dfrac{1}{J}\left[\dfrac{\partial(g_\eta u_* h)}{\partial \xi} + \dfrac{\partial(g_\xi v_* h)}{\partial \eta}\right] = 0 \\[3mm] \dfrac{\partial u_*}{\partial t} + \dfrac{u_*}{g_\xi}\dfrac{\partial u_*}{\partial \xi} + \dfrac{v_*}{g_\eta}\dfrac{\partial u_*}{\partial \eta} + \dfrac{u_* v_*}{J}\dfrac{\partial g_\xi}{\partial \eta} - \dfrac{v_*^2}{J}\dfrac{\partial g_\eta}{\partial \xi} + \dfrac{gn^2 u_*\sqrt{u_*^2+v_*^2}}{h^{4/3}} - fv_* + \dfrac{g}{g_\xi}\dfrac{\partial Z}{\partial \xi} \\[3mm] = \dfrac{1}{g_\xi}\dfrac{\partial(E_\xi A)}{\partial \xi} - \dfrac{1}{g_\eta}\dfrac{\partial(E_\eta B)}{\partial \eta} \\[3mm] \dfrac{\partial v_*}{\partial t} + \dfrac{u_*}{g_\xi}\dfrac{\partial v_*}{\partial \xi} + \dfrac{v_*}{g_\eta}\dfrac{\partial v_*}{\partial \eta} + \dfrac{u_* v_*}{J}\dfrac{\partial g_\eta}{\partial \xi} - \dfrac{u_*^2}{J}\dfrac{\partial g_\xi}{\partial \eta} + \dfrac{gn^2 v_*\sqrt{u_*^2+v_*^2}}{h^{4/3}} + fu_* + \dfrac{g}{g_\eta}\dfrac{\partial Z}{\partial \eta} \\[3mm] = \dfrac{1}{g_\eta}\dfrac{\partial(E_\xi A)}{\partial \eta} + \dfrac{1}{g_\xi}\dfrac{\partial(E_\eta B)}{\partial \xi} \end{cases} \quad (5.25)$$

$$\begin{cases} A = \dfrac{1}{J}\left[\dfrac{\partial(u_* g_\eta)}{\partial \xi} + \dfrac{\partial(v_* g_\xi)}{\partial \eta}\right] \\[3mm] B = \dfrac{1}{J}\left[\dfrac{\partial(v_* g_\eta)}{\partial \xi} - \dfrac{\partial(u_* g_\xi)}{\partial \eta}\right] \end{cases}$$

式中，u、v 分别为沿 ξ 和 η 方向的流速；g_ξ、g_η 分别为曲线网格的长度和宽度，$g_\xi = \sqrt{x_\xi^2 + y_\xi^2}$，$g_\eta = \sqrt{x_\eta^2 + y_\eta^2}$；$J = g_\xi g_\eta$ 为曲线网格的面积；u_*、v_* 与 u、v 之间的变换关系为

$$\begin{cases} u_* = \dfrac{1}{g_\xi}\left(u\dfrac{\partial x}{\partial \xi} + v\dfrac{\partial y}{\partial \xi}\right) \\[3mm] v_* = \dfrac{1}{g_\eta}\left(u\dfrac{\partial x}{\partial \eta} + v\dfrac{\partial y}{\partial \eta}\right) \end{cases} \quad (5.26)$$

通过正交变换，把原来在 x-y 坐标系中利用方程组（5.11）求解变量 Z、u、v 变为在 ξ-η 坐标系中利用方程组（5.26）求解 Z、u_*、v_*。

5.3.3 二维水流耦合模型

1. 节点布置

为了便于边界条件的处理，变量采用交错布置的方式，即在网格中心布置水位变量，在网格四边布置相应的流速变量。图 5.21、图 5.22 分别为物理平面及变换平面上的节点示意图，可见，流速 u 有 NM 个节点，流速 v 有 $(N+1)(M+1)$ 个节点，水位 Z 有 $(N+1)M$ 个节点。

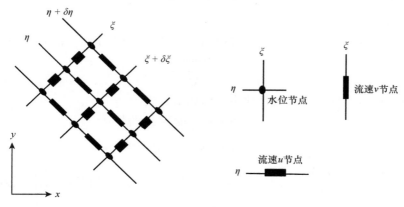

图 5.21 物理平面上的节点示意图

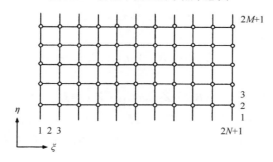

—— : 流速 u 节点 | : 流速 v 节点 ○ : 水位节点

图 5.22 变换平面上的节点示意图

2. 方程离散及求解

在计算区域内,由于流态变化剧烈,网格长宽尺寸相差悬殊,而在河宽方向上网格宽度一般均较小,有时在几米范围内。对于如此高精度的计算要求,采用一般的数值格式如 ADI 法没法满足计算要求。为此,采用高精度全隐式离散,用矩阵追赶法求解。

为推导过程方便使用,在此对以下内容简化标记:

$$Z_{2k+1} = [z_{2k+1,\,2},\ z_{2k+1,\,4},\ \cdots,\ z_{2k+1,\,2M}]^{\mathrm{T}} \quad (k=0,\,1,\,2,\,\cdots,\,N)$$

$$U_{2k} = [u_{2k,\,2},\ u_{2k,\,4},\ \cdots,\ u_{2k,\,2M}]^{\mathrm{T}} \quad (k=1,\,2,\,\cdots,\,N)$$

$$V_{2k+1} = [v_{2k+1,\,1},\ v_{2k+1,\,3},\ \cdots,\ v_{2k+1,\,2M+1}]^{\mathrm{T}} \quad (k=0,\,1,\,2,\,\cdots,\,N)$$

式中,上标"T"表示矩阵转置,故 Z_{2k+1}、U_{2k} 为 M 维矢量,V_{2k+1} 为 $M-1$ 维矢量。以下带上标"0"的变量表示在 $n\Delta t$ 时刻的已知值,不带上标的表示 $(n+1)\Delta t$ 时刻的待求未知值。

（1）连续方程差分

在点 $(2k+1, 2j)$ 对方程组（5.25）中的连续方程采用如下格式差分：

$$\frac{\partial z}{\partial t} = \frac{z_{2k+1,2j} - z_{2k+1,2j}^0}{\Delta t} \tag{5.27}$$

在非线性项 $g_\eta hu$ 和 $g_\xi hv$ 的线性化中采用如下公式：

$$\begin{cases} g_\eta hu = g_\eta h^0 u + g_\eta z u^0 - g_\eta z^0 u^0 \\ g_\xi hv = g_\xi h^0 v + g_\xi z v^0 - g_\xi z^0 v^0 \end{cases} \tag{5.28}$$

对于 $\dfrac{\partial\left(g_\eta hu\right)}{\partial \xi}$、$\dfrac{\partial\left(g_\xi hv\right)}{\partial \eta}$ 则采用中心差分，将上述差分近似和边界条件代入连续方程可得如下线性差分方程组：

$$F\begin{pmatrix} z_{2k-1,2j}, & z_{2k+1,2j}, & z_{2k+3,2j}, & z_{2k+1,2j-2}, & z_{2k+1,2j+2}, & u_{2k,2j}, & u_{2k+2,2j}, \\ v_{2k+1,2j-1}, & v_{2k+1,2j+1} \end{pmatrix} = 0 \tag{5.29}$$

$$\left(k = 1, 2, 3, \cdots, N-1; j = 1, 2, 3, \cdots, M\right)$$

写成矢量形式则为

$$\boldsymbol{A}_{1k} \cdot \boldsymbol{Z}_{2k-1} + \boldsymbol{B}_{1k} \cdot \boldsymbol{Z}_{2k+1} + \boldsymbol{C}_{1k} \cdot \boldsymbol{Z}_{2k+3} + \boldsymbol{D}_{1k} \cdot \boldsymbol{V}_{2k+1}$$

$$+ \boldsymbol{E}_{1k} \cdot \boldsymbol{U}_{2k} + \boldsymbol{F}_{1k} \cdot \boldsymbol{U}_{2k+2} = \boldsymbol{H}_{1k} \qquad (k = 1, 2, \cdots, N) \tag{5.30}$$

式中，$\boldsymbol{A}_{1k}$、$\boldsymbol{B}_{1k}$、$\boldsymbol{C}_{1k}$、$\boldsymbol{E}_{1k}$、$\boldsymbol{F}_{1k}$ 为 $M \times M$ 矩阵；$\boldsymbol{D}_{1k}$ 为 $M \times (M-1)$ 矩阵；$\boldsymbol{H}_{1k}$ 为 M 维矢量。

（2）动量方程差分

在点 $(2k, 2j)$ 对方程（5.28）的 ξ 方向动量方程采用如下格式进行线性化及差分：

$$\frac{\partial u}{\partial t} = \frac{u_{2k,2j} - u_{2k,2j}^0}{\Delta t}$$

$$\frac{u}{g_\xi}\frac{\partial u}{\partial \xi} = \frac{u^0}{g_\xi}\frac{\partial u}{\partial \xi}$$

$$\frac{v}{g_\eta}\frac{\partial u}{\partial \eta} = \frac{v^0}{g_\eta}\frac{\partial u}{\partial \eta} \tag{5.31}$$

$$\frac{g}{g_\xi}\frac{\partial z}{\partial \xi} = \frac{g}{g_\xi}\frac{z_{2k+1,2j} - z_{2k-1,2j}}{\Delta \xi}$$

$$\frac{uv}{J}\frac{\partial g_\xi}{\partial \eta} - \frac{v^2}{J}\frac{\partial g_\eta}{\partial \xi} = \left(\frac{u^0}{J}\frac{\partial g_\xi}{\partial \eta} - \frac{v^0}{J}\frac{\partial g_\eta}{\partial \xi}\right)\overline{v}$$

将上述的差分近似及边界条件代入 ξ 方向的动量方程中，得到如下线性方程组：

$$G\begin{pmatrix} z_{2k-1,2j}, & z_{2k+1,2j}, & u_{2k-2,2j}, & u_{2k,2j}, & u_{2k+2,2j}, & u_{2k,2j-2}, & u_{2k,2j+2}, & v_{2k-1,2j-1}, \\ v_{2k-1,2j+1}, & v_{2k+1,2j-1}, & v_{2k+1,2j+1} \end{pmatrix} = 0 \tag{5.32}$$

$$\left(k = 1, 2, \cdots, N; j = 1, 2, \cdots, M\right)$$

在点（$2k+1, 2j+1$）对 η 方向动量方程按类似于 ξ 方向动量方程的处理可得如下线性方程组：

$$R\left(\begin{array}{l} z_{2k+1,2j},\ z_{2k+1,2j+2},\ u_{2k,2j},\ u_{2k,2j+2},\ u_{2k+2,2j},\ u_{2k+2,2j+2},\ v_{2k-1,2j+1}, \\ v_{2k+1,2j+1},\ v_{2k+3,2j+1},\ v_{2k+1,2j-1},\ v_{2k+1,2j+3} \end{array}\right)=0 \quad (5.33)$$

$$\left(k=1, 2,\cdots, N-1; j=1, 2,\cdots, M-1\right)$$

将方程组（5.32）和方程组（5.33）写成矢量形式则为

$$\begin{cases} \boldsymbol{A}_{2k}\cdot \boldsymbol{Z}_{2k-1}+\boldsymbol{B}_{2k}\cdot \boldsymbol{Z}_{2k+1}+\boldsymbol{C}_{2k}\cdot \boldsymbol{U}_{2k-2}+\boldsymbol{D}_{2k}\cdot \boldsymbol{U}_{2k}+\boldsymbol{E}_{2k}\cdot \boldsymbol{U}_{2k+2} \\ \quad +\boldsymbol{F}_{2k}\cdot \boldsymbol{V}_{2k-1}+\boldsymbol{G}_{1k}\cdot \boldsymbol{V}_{2k+1}=\boldsymbol{H}_{2k} \qquad (k=1, 2, \cdots, N) \\ \boldsymbol{A}_{3k}\cdot \boldsymbol{Z}_{2k+1}+\boldsymbol{B}_{3k}\cdot \boldsymbol{U}_{2k}+\boldsymbol{C}_{3k}\cdot \boldsymbol{U}_{2k+2}+\boldsymbol{D}_{3k}\cdot \boldsymbol{V}_{2k-1}+\boldsymbol{E}_{3k}\cdot \boldsymbol{V}_{2k+1} \\ \quad +\boldsymbol{F}_{3k}\cdot \boldsymbol{V}_{2k+3}=\boldsymbol{H}_{3k} \qquad\qquad (k=1, 2, \cdots, N) \end{cases} \quad (5.34)$$

式中，$\boldsymbol{A}_{2k}$、$\boldsymbol{B}_{2k}$、$\boldsymbol{C}_{2k}$、$\boldsymbol{D}_{2k}$、$\boldsymbol{E}_{2k}$ 为 $M\times M$ 矩阵；$\boldsymbol{F}_{2k}$、$\boldsymbol{G}_{1k}$ 为 $M(M-1)$ 矩阵；$\boldsymbol{A}_{3k}$、$\boldsymbol{B}_{3k}$、$\boldsymbol{C}_{3k}$ 为 $(M-1)M$ 矩阵；$\boldsymbol{D}_{3k}$、$\boldsymbol{E}_{3k}$、$\boldsymbol{F}_{3k}$ 为 $(M-1)(M-1)$ 矩阵；$\boldsymbol{H}_{2k}$ 为 M 维矢量，$\boldsymbol{H}_{3k}$ 为 $M-1$ 维矢量。

（3）差分方程组求解

联立方程组及上下游边界条件可得到一组完备的线性代数方程组，该方程组可采用直接法求解，如矩阵追赶法，也可采用迭代法进行求解，可求得 u、v、Z。下面介绍矩阵追赶法。

矩阵追赶法是求解二维河道水流离散的耦合模型线性差分方程组的一种算法。下面以上下游边界条件均为水位的情况介绍算法。

$$\begin{cases} \boldsymbol{Z}_1=\boldsymbol{Z}_1(t)，已知上游边界水位条件 & (5.35) \\ \boldsymbol{V}_1=\boldsymbol{0}，上游边界水面无横比降，无横向流速 & (5.36) \\ \boldsymbol{A}_{21}\cdot \boldsymbol{Z}_1+\boldsymbol{B}_{21}\cdot \boldsymbol{Z}_3+\boldsymbol{D}_{21}\cdot \boldsymbol{U}_2+\boldsymbol{E}_{21}\cdot \boldsymbol{U}_4+\boldsymbol{G}_{11}\cdot \boldsymbol{V}_3=\boldsymbol{H}_{21} & (5.37) \end{cases}$$

$$\begin{cases} \boldsymbol{A}_{1k}\cdot \boldsymbol{Z}_{2k-1}+\boldsymbol{B}_{1k}\cdot \boldsymbol{Z}_{2k+1}+\boldsymbol{C}_{1k}\cdot \boldsymbol{Z}_{2k+3}+\boldsymbol{D}_{1k}\cdot \boldsymbol{V}_{2k+1} \\ \quad +\boldsymbol{E}_{1k}\cdot \boldsymbol{U}_{2k}+\boldsymbol{F}_{1k}\cdot \boldsymbol{U}_{2k+2}=\boldsymbol{H}_{1k} & (5.38) \\ \boldsymbol{A}_{3k}\cdot \boldsymbol{Z}_{2k+1}+\boldsymbol{B}_{3k}\cdot \boldsymbol{U}_{2k}+\boldsymbol{C}_{3k}\cdot \boldsymbol{U}_{2k+2}+\boldsymbol{D}_{3k}\cdot \boldsymbol{V}_{2k-1}+\boldsymbol{E}_{3k}\cdot \boldsymbol{V}_{2k+1} \\ \quad +\boldsymbol{F}_{3k}\cdot \boldsymbol{V}_{2k+3}=\boldsymbol{H}_{3k} & (5.39) \\ \boldsymbol{A}_{2k+1}\cdot \boldsymbol{Z}_{2k+1}+\boldsymbol{B}_{2k+1}\cdot \boldsymbol{Z}_{2k+3}+\boldsymbol{C}_{2k+1}\cdot \boldsymbol{U}_{2k}+\boldsymbol{D}_{2k+1}\cdot \boldsymbol{U}_{2k+2}+\boldsymbol{E}_{2k+1}\cdot \boldsymbol{U}_{2k+4} \\ \quad +\boldsymbol{F}_{2k+1}\cdot \boldsymbol{V}_{2k+1}+\boldsymbol{G}_{1k+1}\cdot \boldsymbol{V}_{2k+3}=\boldsymbol{H}_{2k+1} & (5.40) \\ (k=1, 2, \cdots, N-1) \end{cases}$$

$$\begin{cases} \boldsymbol{V}_{2N+1}=\boldsymbol{0}，下游边界水面无横比降，无横向流速 & (5.41) \\ \boldsymbol{Z}_{2N+1}=\boldsymbol{Z}_{2N+1}(t)，已知下游边界水位过程 & (5.42) \end{cases}$$

将边界条件式（5.30）、式（5.31）代入式（5.32）可得

$$\boldsymbol{U}_2=\boldsymbol{UZ}_1\cdot \boldsymbol{Z}_3+\boldsymbol{UU}_1\cdot \boldsymbol{U}_4+\boldsymbol{UV}_1\cdot \boldsymbol{V}_3+\boldsymbol{UF}_1 \quad (5.43)$$

将式（5.30）、式（5.31）及式（5.42）代入式（5.26）可得

$$V_{2k+1}=VZ_k \cdot Z_{2k+1}+VU_k \cdot U_{2k+2}+VV_k \cdot V_{2k+3}+VF_k \tag{5.44}$$
$$(k=1, 2, \cdots, N-1)$$

将式（5.30）、式（5.38）及式（5.41）代入式（5.33）可得

$$Z_{2k+1}=ZZ_k \cdot Z_{2k+3}+ZU_k \cdot U_{2k+2}+ZV_k \cdot V_{2k+3}+ZF_k \tag{5.45}$$
$$(k=1, 2, \cdots, N-1)$$

将式（5.37）、式（5.38）及式（5.40）代入式（5.35）可得

$$U_{2k+2}=UZ_{k+1} \cdot Z_{2k+3}+UU_{k+1} \cdot U_{2k+4}+UV_k \cdot V_{2k+3}+UF_{k+1} \tag{5.46}$$
$$(k=1, 2, \cdots, N-1)$$

按上述步骤逐步递推追赶直到 $k=N-1$，可得

$$U_{2N}=UZ_N \cdot Z_{2N+1}+UU_N \cdot U_{2N+2}+UV_N \cdot V_{2N+1}+UF_N \tag{5.47}$$

将下游边界条件式（5.36）、式（5.37）及对称假定 $U_{2N+2}=U_{2N}$ 代入式（5.41）求得 U_{2N} 后，逐步回代可求得 Z_{2N-1}、V_{2N-1}、U_{2N-2}、……、U_2，完成该步长的求解。其中，$\boldsymbol{0}$ 为零矢量，UZ_k、UU_k、ZZ_k、ZU_k 为 $M \times M$ 矩阵；UV_k、ZV_k 为 $M(M-1)$ 矩阵；VZ_k、VU_k 为 $(M-1)M$ 矩阵；VV_k 为 $(M-1)(M-1)$ 矩阵；UF_k、ZF_k 为 M 维矢量；VF_k 为 $M-1$ 维矢量。

从上述公式的推导可见，需要利用大量的矩阵运算，看起来工作量很大，其实并非如此，主要有如下 3 个方面的原因。

1）通过详细的分析可以发现，矩阵 A_{1k}、B_{1k}、C_{1k}、D_{1k}、E_{1k}、F_{1k}、A_{2k}、B_{2k}、C_{2k}、D_{2k}、E_{2k}、F_{2k}、G_{1k}、A_{3k}、B_{3k}、C_{3k}、D_{3k}、E_{3k}、F_{3k} 均为三对角矩阵，且其中有许多为对角矩阵，因此进行运算时充分利用这些特性，实际的计算工作量并不是很大。

2）采用的矩阵追赶法主要是针对河道一类问题提出的，而就河道一类问题而言，河宽方向上的网格数据一般比纵向要小得多，即 M 取值比 N 要小得多，所以前述的矩阵运算是小尺度的矩阵运算。

3）由于本模型采用的是高精度离散格式，其精度高，稳定性好，计算的时间步长可以取得很大，可以相对地减少计算工作量。根据对各地的应用算例，柯朗数（Courant number）达到 400 后，仍能满足精度要求。

5.3.4 台风风暴潮漫堤模型构建

（1）模型计算域

在研究中，构建了大丰海域的大尺度模型和大丰港区的小尺度模型。其中，大丰海域大尺度模型东至大丰海堤，西至国道 G228，北至斗龙港，南至川水港，面积约 500km^2；而大丰港区小尺度模型以大丰海堤、港区海堤、海晟中路、海晟南路等为边界，面积约 57km^2。

（2）计算域网格剖分

对研究区域进行网格剖分。大丰海域模型计算网格大小约 $250\text{m} \times 250\text{m}$，共

剖分 10 100 个网格，如图 5.23 所示；大丰港区模型计算网格大小约 100m×100m，共剖分 6000 个网格，如图 5.24 所示。

各模型在对计算域进行网格剖分的基础上，结合大丰海域数字高程模型（DEM）（图 5.25）和大丰海域下垫面分布图（道路、厂区、农田、水塘等），对每个网格进行高程赋值，使其能客观反映下垫面的情况，如图 5.26 所示。

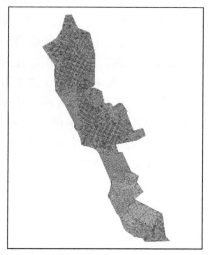

图 5.23　大丰海域模型计算域网格剖分

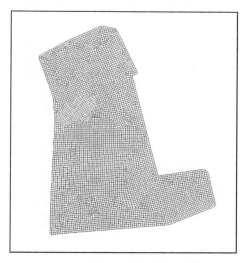

图 5.24　大丰港区模型计算域网格剖分

图 5.25　大丰海域 DEM

图 5.26　考虑 DEM 和下垫面的计算域网格剖分示意图

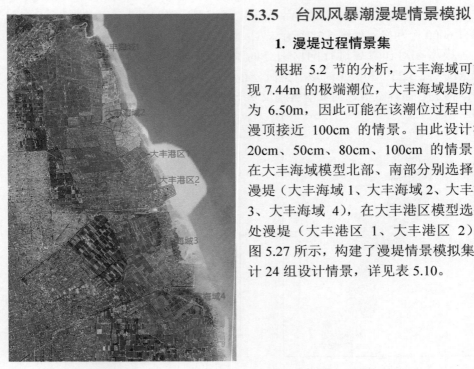

图 5.27 计算域漫顶处示意图

5.3.5 台风风暴潮漫堤情景模拟

1. 漫堤过程情景集

根据 5.2 节的分析，大丰海域可能出现 7.44m 的极端潮位，大丰海域堤防高程为 6.50m，因此可能在该潮位过程中出现漫顶接近 100cm 的情景。由此设计漫顶 20cm、50cm、80cm、100cm 的情景，并在大丰海域模型北部、南部分别选择两处漫堤（大丰海域 1、大丰海域 2、大丰海域 3、大丰海域 4），在大丰港区模型选择两处漫堤（大丰港区 1、大丰港区 2），如图 5.27 所示，构建了漫堤情景模拟集，共计 24 组设计情景，详见表 5.10。

表 5.10 台风风暴潮漫堤情景模拟集

序号	设计情景	漫堤点	漫顶高度（cm）	计算模型
1	DFHY1-20		20	
2	DFHY1-50	大丰海域 1	50	大丰海域模型
3	DFHY1-80		80	
4	DFHY1-100		100	
5	DFHY2-20		20	
6	DFHY2-50	大丰海域 2	50	大丰海域模型
7	DFHY2-80		80	
8	DFHY2-100		100	
9	DFHY3-20		20	
10	DFHY3-50	大丰海域 3	50	大丰海域模型
11	DFHY3-80		80	
12	DFHY3-100		100	
13	DFHY4-20		20	
14	DFHY4-50	大丰海域 4	50	大丰海域模型
15	DFHY4-80		80	
16	DFHY4-100		100	

序号	设计情景	漫堤点	漫顶高度（cm）	计算模型
17	DFGX1-20		20	
18	DFGX1-50	大丰港区 1	50	大丰港区模型
19	DFGX1-80		80	
20	DFGX1-100		100	
21	DFGX2-20		20	
22	DFGX2-50	大丰港区 2	50	大丰港区模型
23	DFGX2-80		80	
24	DFGX2-100		100	

2. 大丰海域漫堤情景分析

基于大丰海域大尺度的台风风暴潮漫堤数值模型，计算了大丰海域北部和南部共计 4 处漫堤（16 个设计情景），统计了各设计情景下的堤内淹没面积，详见表 5.11，各设计情况下的淹没范围如图 5.28～图 5.43 所示。在大丰海域 1 处，漫顶高度 100cm 条件下，淹没面积为 80.77km^2；在大丰海域 2 处，漫顶高度 100cm 条件下，淹没面积为 73.55km^2；在大丰海域 3 处，漫顶高度 100cm 条件下，淹没面积为 10.69km^2；在大丰海域 4 处，漫顶高度 100cm 条件下，淹没面积为 14.38km^2。

表 5.11 大丰海域各漫堤情景下的淹没面积统计

序号	设计情景	漫顶高度（cm）	淹没面积（km^2）
1	DFHY1-20	20	52.73
2	DFHY1-50	50	75.13
3	DFHY1-80	80	78.86
4	DFHY1-100	100	80.77
5	DFHY2-20	20	23.00
6	DFHY2-50	50	46.27
7	DFHY2-80	80	62.36
8	DFHY2-100	100	73.55
9	DFHY3-20	20	1.25
10	DFHY3-50	50	2.77
11	DFHY3-80	80	8.22
12	DFHY3-100	100	10.69
13	DFHY4-20	20	1.96
14	DFHY4-50	50	6.09
15	DFHY4-80	80	11.04
16	DFHY4-100	100	14.38

图 5.28　DFHY1-20 设计情景下淹没区域

图 5.29　DFHY1-50 设计情景下淹没区域

图 5.30　DFHY1-80 设计情景下淹没区域

图 5.31　DFHY1-100 设计情景下淹没区域

图 5.32　DFHY2-20 设计情景下淹没区域

图 5.33　DFHY2-50 设计情景下淹没区域

图 5.34　DFHY2-80 设计情景下淹没区域

图 5.35　DFHY2-100 设计情景下淹没区域

图 5.36　DFHY3-20 设计情景下淹没区域

图 5.37　DFHY3-50 设计情景下淹没区域

图 5.38　DFHY3-80 设计情景下淹没区域

图 5.39　DFHY3-100 设计情景下淹没区域

图 5.40　DFHY4-20 设计情景下淹没区域

图 5.41　DFHY4-50 设计情景下淹没区域

图 5.42　DFHY4-80 设计情景下淹没区域

图 5.43　DFHY4-100 设计情景下淹没区域

3. 大丰港区漫堤情景分析

基于大丰港区小尺度的台风风暴潮漫堤数值模型，计算了大丰港区北部和南部共计 2 处漫堤（8 个设计情景），统计了各设计情景下的堤内淹没面积，详见表 5.12，各设计情景下的淹没范围如图 5.44～图 5.51 所示。在大丰港区 1 处，漫顶高度 100cm 条件下，淹没面积为 10.15km²；在大丰港区 2 处，漫顶高度 100cm 条件下，淹没面积为 11.98km²。

表 5.12 大丰港区各漫堤情景下的淹没面积统计

序号	设计情景	漫顶高度（cm）	淹没面积（km²）
1	DFGX1-20	20	1.71
2	DFGX1-50	50	3.27
3	DFGX1-80	80	7.33
4	DFGX1-100	100	10.15
5	DFGX2-20	20	1.33
6	DFGX2-50	50	3.56
7	DFGX2-80	80	7.60
8	DFGX2-100	100	11.98

图 5.44 DFGX1-20 设计情景下淹没区域

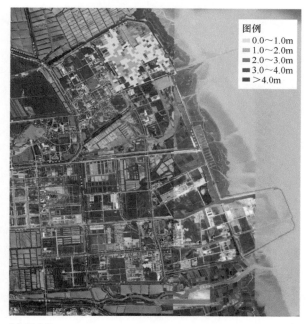

0 0.5 1 1.5km

图 5.45　DFGX1-50 设计情景下淹没区域

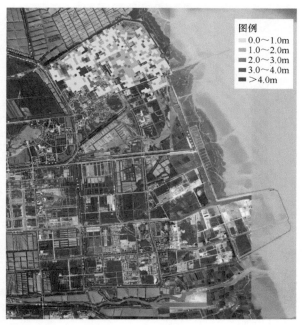

0 0.5 1 1.5km

图 5.46　DFGX1-80 设计情景下淹没区域

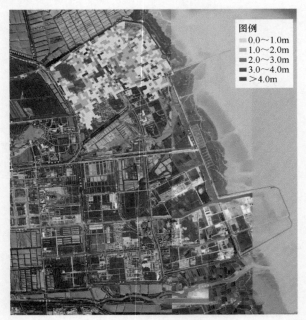

图 5.47 DFGX1-100 设计情景下淹没区域

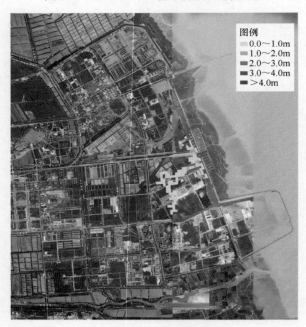

图 5.48 DFGX2-20 设计情景下淹没区域

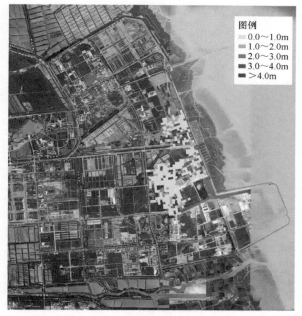

图 5.49 DFGX2-50 设计情景下淹没区域

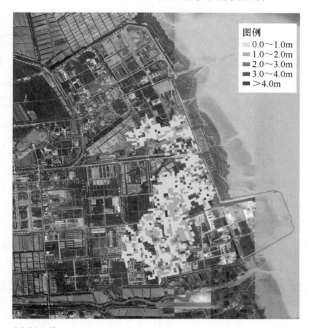

图 5.50 DFGX2-80 设计情景下淹没区域

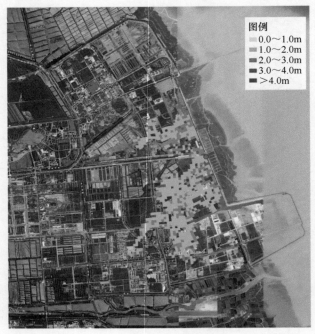

图 5.51　DFGX2-100 设计情景下淹没区域

　　综上所述，本章通过收集研究区的潮位资料，采用自动分潮优化等技术，分析了大丰海域的潮汐、风暴潮特性，得出当台风外围风场影响大丰海域时，就会出现明显的风暴增水；基于东海风暴潮-天文潮耦合数值预报模型，构建了南黄海近岸精细化风暴潮-天文潮耦合数值预报模型，模型验证结果表明该模型能较好地模拟出台风影响期间的最高潮位过程；根据南黄海的台风特性，进行了假想台风设计，并利用数值模型完成了大丰海域不同区域的极端潮位过程计算，得出了设计台风作用下，大丰海堤前沿的极端高潮位可超出设计标准约 1.0m。

　　此外，本章针对研究区海堤标准和海堤所在区域的极端潮位过程，分析了海堤漫顶的可能性，构建了大丰海域大尺度漫堤模型和大丰港区小尺度漫堤模型；设计了不同漫顶高度（20cm、50cm、80cm、100cm）的情景，并在大丰海域模型北部、南部分别选择两处漫堤，在大丰港区模型选择两处漫堤，构建了漫堤情景模拟集；基于大丰海域大尺度的台风风暴潮漫堤数值模型，计算了大丰海域北部和南部共计 4 处漫堤（包括 16 个设计情景），基于大丰港区小尺度的台风风暴潮漫堤数值模型，计算了大丰港区北部和南部共计 2 处漫堤（包括 8 个设计情景），模拟了各漫堤情景下堤内淹没过程，统计了各设计情景下的堤内淹没面积。

第6章

南黄海辐射沙脊群海域防灾减灾决策支持平台构建

本章先介绍南黄海辐射沙脊群海域防灾减灾决策支持平台的构建目标、技术路线、设计方法等关键细节，以单点数值预报、沿岸预警、预报过程等为例介绍风暴潮数值预报模型成果、海浪数值预报模型成果的集成，并介绍风暴潮漫堤灾害评估系统的建设过程。

6.1   支持平台简介

针对南黄海重点海域防灾减灾、海洋管理的需求，南黄海辐射沙脊群海域防灾减灾决策支持平台通过风暴潮灾害预报系统、海浪灾害预报系统、风暴潮漫堤灾害评估系统的研究与开发，提高海洋防灾减灾辅助决策水平，提升我国海洋模型集成与应用水平，为沿海海洋环境安全保障提供技术支持，为沿海开发、防灾减灾提供基础技术支撑和决策服务。

南黄海辐射沙脊群海域防灾减灾决策支持平台的主要构建目标是建立统一的应用支撑平台，作为应用和支撑；通过风暴潮数值预报模型计算结果的集成，实现风暴潮灾害预报的展示，建设形成风暴潮灾害预报系统；通过海浪数值预报模型计算结果的集成，实现海浪灾害预报的展示，建设形成海浪灾害预报系统；通过链接的方式展示风暴潮灾害影响的风险区划图，为海洋防灾减灾指挥决策提供辅助支持；建设形成风暴潮漫堤灾害评估系统。

为实现以上目标，平台构建主要采用以下技术路线。

1. .NET 体系结构，集中服务

本系统建设主要是基于.NET 体系结构，选择业界领先的、性能稳定的应用服务器和门户中间件产品，建立以应用服务器为中心的三层或多层的体系结构，实现系统数据逻辑、业务逻辑、应用逻辑和表现逻辑的分离，这既保证了系统的扩展性，又大大增强了系统的可靠性和安全性。

本系统遵循标准的面向对象的思想，对业务应用系统的实现采用 B/S 方式结构，结合本项目实际需求，为风暴潮灾害预报系统、海浪灾害预报系统、风暴潮漫堤灾害评估系统等核心应用提供集中的应用功能，提高系统性能和服务效率。

2. 基于 B/S 的技术架构体系

本系统的主要功能是对海洋灾害的相关内容进行综合性、系统性的分析与管理，因此在体系结构的设计上，要保证层次之间的相对独立性和接口的规范性，使得核心服务模块能最大限度地共享。以此为出发点，按照 B/S 的三层架构体系进行设计。

在系统的三层模型结构设计中，第一层是表达层，由操作人员、技术人员等用户构成，直接面向桌面进行操作；第二层是应用层，运行在服务器上，该层接收桌面用户层提出的数据请求，组织数据发布；第三层是数据层，由数据库和数据文件构成（图6.1）。

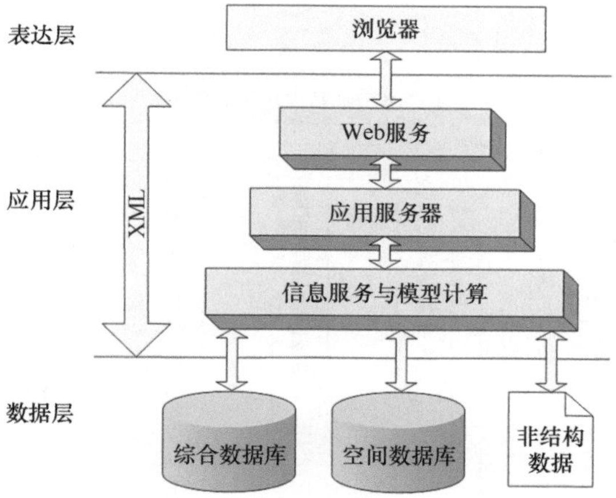

图 6.1　基于 B/S 的技术架构体系

3. 采用 SOA，统一管理

南黄海辐射沙脊群海洋精细化预报系统是个庞大而复杂的系统。如何使系统能够融合和充分利用已有的业务系统，集成相关信息资源，同时便于各系统快速地开发和易于扩展，是系统建设必须要处理的两个问题。这需要经济而灵活的 IT 基础设施来支持。面向服务的架构（services oriented architecture，SOA）技术正是在这样的需求下产生的。目前，国际上正在越来越多地采用面向服务集成的技术体系来解决这类信息共享和信息集成问题。

因此，在平台建设中采用先进的 SOA，既便于各子系统或功能模块的独立开发和关联整合，又为内部信息资源整合和统一管理提供了一个坚实的平台基础。统一管理是指对系统配置和信息资源的统一和集中管理，包括组织机构管理、用户管理、身份验证、权限管理、系统管理、配置管理等。统一管理是在符合国家电子政务相关标准规范基础上实现的，针对本系统共享应用和部署的要求，实现具有系统特征的数据管理和系统配置功能，确保采集、存储、分析应用和展现全过程的数据唯一性和管理一致性。

SOA 可以看作 B/S 模型、XML/Web 服务技术之后的自然延伸。SOA 能够帮助应用站在一个新的高度理解企业级架构中的各种组件的开发、部署形式，它将帮助企业系统架构者更迅速、更可靠、更具重用性地构建整个业务系统。

江苏省海洋精细化预报系统在遵循国家标准规范及安全保障体系的前提下，建设基础设施、数据资源、应用支撑、业务应用等内容（图 6.2），具体如下。

1）基础设施：依托现有的网络、服务器等资源，为采集共享的数据提供传输服务，为上层的应用服务提供计算、存储服务。

2）数据资源：将数据存储于数据库中，实现数据的统一存储与管理，为业务系统提供数据支撑。

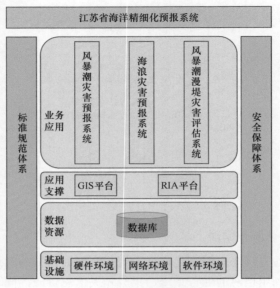

图 6.2　总体框架

3）应用支撑：搭建系统所需的 GIS 平台及 RIA 平台，为系统提供应用支撑（图 6.3）。

图 6.3　主界面图

4）业务应用：根据需要建立风暴潮灾害预报系统、海浪灾害预报系统和风暴潮漫堤灾害评估系统，实现对海洋防灾减灾的高效信息化辅助决策支持和管理。

此外，为了更好地支撑平台的使用和利用，在构建之中还进行了应用支撑平台的设计。业务显示平台拥有一个统一的、强大的、可扩展的业务运行环境，来构架、简化、集成行业的信息系统，实现信息化的统一规划、基础设施的统一构建、业务的高效协同、技术平台的无缝迁移、应用系统的灵活调整，从而使信息化的投入成本和风险大幅度降低、发展速率稳步提升。应用支撑平台主要包含 GIS 平台和 RIA 平台，具体介绍如下。

1）GIS 平台：系统设计和开发统一的 GIS 平台，支持谷歌地图、Bing 地图，支持显示高分辨率的数字地图，提供灵活的业务应用配置功能，并对外提供丰富的应用接口，供业务系统调用。具体功能有：①平台具备漫游、缩放、图元点的选取、图元（矩形、圆形、多边形）选择、距离测量、面积测量、鹰眼图、属性数据查找图元、圆饼图/直方图专题图显示、比例尺显示和图例显示等通用的 GIS 功能；②平台支持动态图层的生成，并可根据设置条件动态生成各种专题地图；③矢量地图支持 SHP 文件；④平台支持 BMP、GIF、JPG、PNG、TIF 多种图片输出功能和遥感影像图加载显示功能；⑤平台支持电子地图与遥感图的互相切换显示；⑥平台支持等值线、等值面的计算分析功能；⑦平台支持业务数据的叠加、动画展示。

2）RIA 平台：RIA 是集桌面应用程序最佳用户体验、Web 应用程序的快速低成本部署及互动多媒体通信的实时快捷于一体的新一代网络应用程序。客户端应用程序使用异步客户/服务器架构连接现有的后端应用服务器，这是一种安全、可升级、具有良好适应性的新的面向服务模型，这种模型由采用的 Web 服务所驱动，结合了声音、视频和实时对话的综合通信技术，使 RIA 具有前所未有的高度互动性和丰富的用户体验，为用户提供更全方位的网络体验。RIA 平台将采用 Adobe Flex 技术平台进行研发，它提供了非常丰富的矢量及栅格绘制机制，既可以实现静态的地图绘制展示，又可以实现闪烁、动画等动态特效的地图图示绘制展现，并可叠加各种实时观测数据进行综合展示。

6.2 风暴潮数值预报模型成果的集成

南黄海辐射沙脊群海域防灾减灾决策支持平台作为一个以应用为目的，包含风暴潮数值预报等众多功能，使业务人员的工作便捷简化的操作性平台，已集成了上述章节介绍的各类模型成果，并且在设计和构建时关注实际使用者的可操作性。例如，模型展示需要局部缩放，制作成矢量图，类似谷歌地图查看，缩小可以看全省，放大可以看到村甚至街道，需要将原始数据进行插值，按照合适的矩形大小，再进行渲染。本节主要介绍风暴潮数值预报模型成果的集成。

6.2.1 风暴潮单点数值预报展示

（1）地图展示

在电子地图上显示各潮位站点的地理位置，通过潮位过程线的方式（图 6.4）直观展现该潮位站点未来 3d 或 5d（台风风暴潮是 3d，温带风暴潮是 5d）内的潮位变化情况，并以表格的形式列出潮位值以方便用户查看。

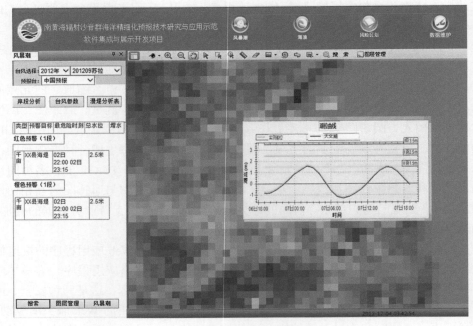

图 6.4　单点潮位过程线

风暴潮漫堤数值模型的曲线展示，可实现如下功能。

1）点击自主建设的站点，就会弹出相应的预报模型曲线，包括实测潮位、天文潮位（目前无数据，预留）、增水。

2）点击国家建设的站点，就会弹出相应的预报模型曲线，包括总水位、增水、天文潮位。

3）出现风险时，点击 14 条海堤的某条岸段海堤，就会展示相应海堤的曲线，内容包括天文潮位、增水、总水位。

（2）列表展示

以列表的方式罗列出各潮位站点的基本信息，点击某潮位站点，可通过闪烁的方式在电子地图上快速定位到所选站点的位置，便于用户查看该站点的具体信息。

6.2.2　受险岸段预警

（1）风暴潮数值预报模型成果应用

将风暴潮数值预报模型成果加以利用，该模型会根据输入的基础数据（包括近海水深和地形数据、DEM 数据等）和历史资料（潮位数据），计算出江苏省沿海风暴增水情况。由本决策支持平台推断各岸堤所处的预警等级，辅助预报员判断是否会出现风暴潮漫堤现象。

（2）受险岸段预警可视化展示

当发生风暴潮灾害时，系统在 GIS 平台上可定位受险堤岸的地理位置，以闪烁高亮的方式显示受险堤岸，并关联显示受险堤岸的高程、风险时间、最高潮位、风险等级等信息，实现对可能发生风暴潮漫堤的区域进行预警。

（3）海堤基本信息展示

在地图上点击某条海堤，就会弹出相应的海堤信息框，信息内容包括：海堤名称、市名、县名、警戒潮位（红色、橙色、黄色、蓝色警戒潮位）、起点和终点经纬度、高程（图 6.5）。

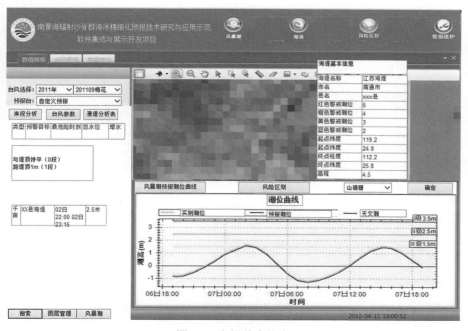

图 6.5　海堤基本信息

（4）台风参数文件生成

点击"台风参数信息"按钮，就会弹出对应台风的参数信息框（信息内容以 fort.22 参数文件内容为准），台风参数信息框以 GRID 列表展示。该信息参数可以编辑并生成到模型指定的文件夹。

（5）潮位超警戒提示

沿海各个警戒潮位核定岸段在电子地图上通过高亮的方式提示警报级别（分为蓝色、黄色、橙色、红色四个级别），提醒用户注意查看。

（6）报表生成

系统提供沿海各潮位站点天文潮位报表的生成功能，预警颜色等级可在报表中进行编辑保存，同时地图上的海堤可截图生成，海堤风险等级报表可以定制，支持以 EXCEL 的方式进行导入、导出和潮位过程线的自动绘制。超警戒潮位海堤报表见表 6.1（表格字段待定）。

表 6.1　超警戒潮位海堤报表

海堤名称	海堤高程	警戒潮位	天文潮位	模型增水	模型总水位	模型预警等级	综合判断增水	综合判断总水位	最终预警等级	预警出险时间
海堤 1										

系统可以根据预先规定的预警值自动判断，用户可以自行对颜色值进行具体修改（有 4 个颜色可以调整），方便截图（图 6.6）。

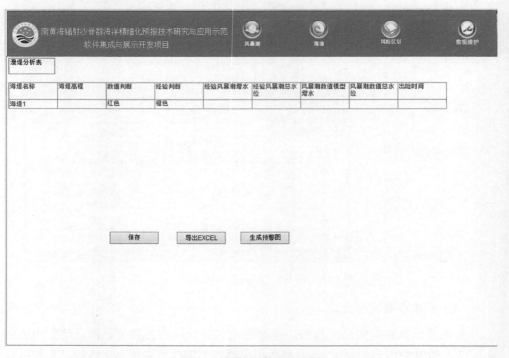

图 6.6　预警信息处理界面

6.2.3　台风路径与增水预报过程叠加

当台风来临时，通常会造成沿海地区风暴增水，造成危害。系统提供风暴潮叠加台风路径走向的增水预报展示功能，将风暴增水情况结合台风路径进行叠加展示，实现依据台风走向结合模型进行沿海地区增水分布过程的演示，支持计算结果保存为风暴增水 GIF 动画格式，同时提供天文潮和风暴增水过程曲线的截图。

6.3　海浪数值预报模型成果的集成

与风暴潮数值预报模型成果的集成相近，在决策支持平台建设中也集成了海浪数值预报模型的成果，并且在设计和构建时关注实际使用者的可操作性。例如，模型成果生成的图片展示制作成矢量图叠加到地图上，并且需要在地图上进行缩放，类似谷歌地图查看，缩小可以查看全省，放大可以看到村甚至街道，数据量大导致数据渲染成图慢，将数据进行抽稀，可提升生成的效率。

6.3.1　海浪单点数值预报展示

（1）地图展示

在电子地图上显示各海洋台站的地理位置，通过曲线图的方式直观展现该海洋台站未来 3d 内的海浪变化情况，并以表格的形式列出海浪曲线以方便用户查看（图 6.7）。同时，当鼠标移到曲线上时，可直观查看该站点的浪级、浪高、浪向等信息。

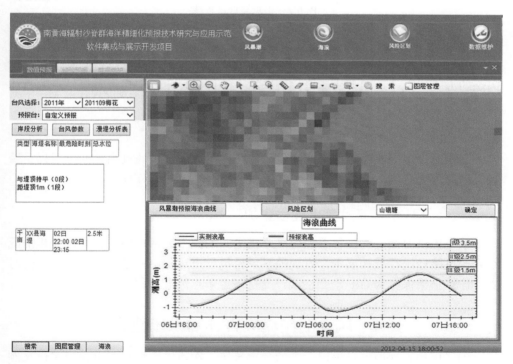

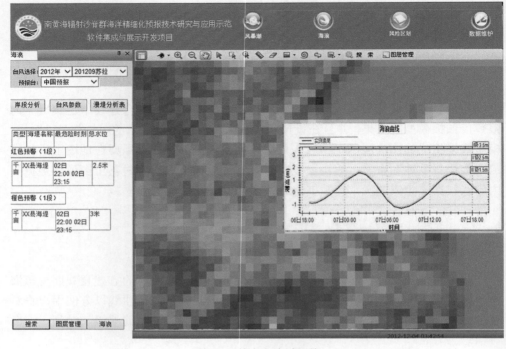

图 6.7　单点海浪过程线

（2）列表展示

以列表的方式罗列出各海洋台站的名称信息，当点击某海洋台站时，可通过闪烁的方式在电子地图上快速定位所选站点的位置，便于用户查看该站点的具体信息。

（3）海浪超警戒提示

当沿海岸段的波高超过警戒潮位时，在电子地图上可通过高亮的方式提示警报级别（分为蓝色、黄色、橙色、红色四个级别），提醒用户注意查看。

6.3.2　台风路径与海浪变化过程叠加

系统提供海浪变化过程叠加台风路径走向的预报展示功能，将海浪变化情况结合台风路径进行叠加展示，直观地显示台风行进过程中海浪的变化情况，同时支持计算结果保存为 GIF 动画格式，支持任意单点波高过程线的导出。

6.4　风暴潮漫堤灾害评估系统建设

为了更加直观地展示漫堤灾害的危害等级，在决策支持平台中建设了风暴潮漫堤灾害评估系统。当风暴增水叠加天文潮位产生极端高潮位时，会对沿海地区造成严重危害。根据风暴增水情况，结合沿海高程数据，在系统中调用沿海地区的风险区划图，该模块将风险区划图的成果通过嵌套的方式接入系统中，以方便用户查看。点击网站上导航菜单栏的"风险区划"按钮，即可进入"灾害评估"页面，该模块以图片的形式展示出海洋灾害区划图（图 6.8）。

综上所述，基于.NET 技术和 B/S 的技术架构体系，利用 GIS 平台和 RIA 平台将上述章节中分别介绍的风暴潮数值预报系统、海浪数值预报系统和风暴潮漫堤灾害评估系统的成果接入开发的南黄海辐射沙脊群海域防灾减灾决策支持平台。

决策支持平台的创新点主要体现在以下两点。

1）通过构建实时数据分析生成服务和大网格数据解析技术，解决了风暴潮数值预报结果读取延迟问题，将风暴潮预警预报成果在 Web 浏览器上进行快速展示。

2）系统可以在地图上任意选取海上位置，通过后端的数据提取服务接口快速获取预报模型数据结果，实现单点风暴潮、海浪数值预报多天的过程曲线展示功能，可以辅助预报员更好地把握该海域的水动力环境变化状况。

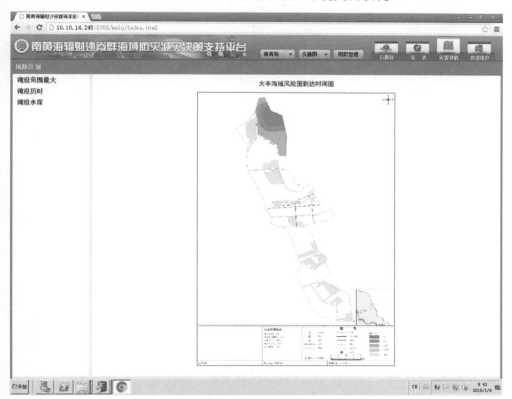

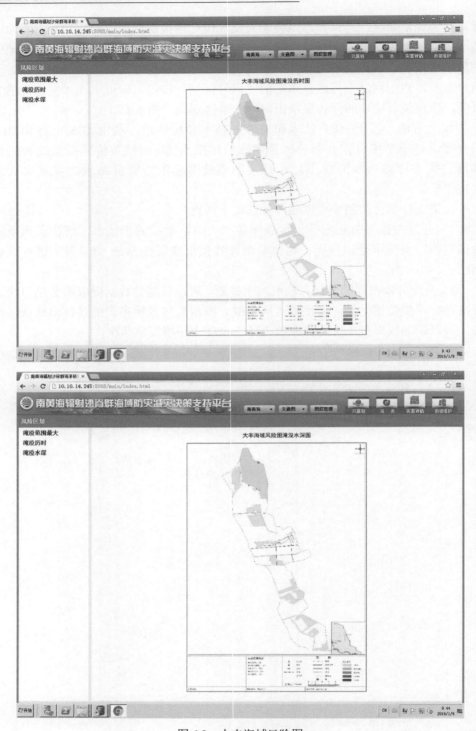

图 6.8　大丰海域风险图

决策支持平台的功能主要体现在以下三点。

1）在风暴潮展示方面，可以实现的主要功能为：其一，可实现单点潮位站点未来 3d 或 5d 内的潮位变化过程展示功能；其二，可实现风暴潮漫堤受险岸段的可视化展示功能，系统利用风暴潮数值预报成果，结合输入的近海水深地形数据、DEM 数据和历史潮位数据等基础数据，计算出江苏省沿海风暴增水情况，然后推断各岸堤所处的预警等级，通过 GIS 系统定位受险堤岸的地理位置，以闪烁高亮的方式显示受险堤岸，并关联显示受险堤岸的高程、风险时间、最高潮位、风险等级等信息，实现对可能发生风暴潮漫堤的区域进行预警；其三，可实现风暴潮叠加台风路径走向的增水预报展示功能，同时支持风暴增水的动画演示。

2）在海浪展示方面，可以实现的主要功能为：其一，可实现显示各海洋台站的地理位置，并展现该海洋台站未来 3d 内的海浪变化情况，包含浪级、浪高、浪向等信息；其二，当沿海岸段的波高超过警戒潮位时，在电子地图上通过高亮的方式提示蓝色、黄色、橙色、红色警报级别；其三，可实现海浪叠加台风路径走向的预报展示功能，将海浪变化情况结合台风路径进行叠加展示，演示波浪场的动态变化过程。

3）风暴潮漫堤灾害评估系统成果的接入则实现了当风暴增水叠加天文潮位产生极端高潮位时，系统会调用示范区的风险区划图，为人员撤离、防灾减灾物资调配和工农业整体布局提供技术支撑。

第 7 章

研究成果应用示范

　　本章在 2015 年进行的研究成果相关应用示范中，选取了影响南黄海的台风，利用风暴潮精细化预报模型和海浪精细化预报模型进行了业务化预报，对于风暴潮漫堤灾害评估相关成果，以大丰港区为研究区域进行了实证分析。

7.1　风暴潮-海浪精细化预报系统应用

7.1.1　系统部署和运行

风暴潮-海浪精细化预报系统主要由两个部分组成。其一是风暴潮系统，基于南黄海辐射沙脊群海域风暴潮模型，构建了一套业务化风暴潮预报系统，可实现台风风暴潮和温带风暴潮业务化数值预报。该系统采用本地前、后处理程序和客户端登录大型机相结合的方式进行操作，具备操作简单、运行高效、可移植性强的特点。其二是海浪系统，基于海浪-风暴潮耦合的 SWAN+ADCIRC 数值模型，考虑南黄海辐射沙脊群海域的水深、地形、潮位对近岸浪的影响，采用海浪-风暴潮实时耦合技术，通过可调参数和物理过程的优化，建立适用于南黄海辐射沙脊群海域的海浪精细化数值预报系统。

该预报系统采用高性能计算机并行技术，大大缩短了计算时间，计算网格经过检验、优化，并通过一系列后报模拟进行检验和参数优化。目前，系统部署在江苏省海涂研究中心的大型计算机上，使用 48 个 CPU 进行并行计算，从目前的运行来看，该预报系统总体情况良好，未出现影响使用的问题，效率满足了业务化的需求。

7.1.2　2015 年台风风暴潮业务化预报

2015 年第 9 号台风"灿鸿"（Chan-hom）具有强度大、生命史长、体积庞大等特点。"灿鸿"于 2015 年 6 月 30 日命名，于 7 月 11 日升级为超强台风，中心附近最大风力为 17 级（58m/s），其东西和南北方向的螺旋云带覆盖范围直径为 1500～2000km，台风核心区的直径为 1000km。

台风"灿鸿"在 7 月 10 日左右就开始影响江苏海域，7 月 11 日在浙江北部转向北偏东方向，对江苏沿海造成了较大的影响。

基于台风"灿鸿"2015 年 7 月 9 日 8 时的预报路径，对大丰港站的增水进行了预报，最大增水为 0.77m，增水过程曲线如图 7.1 所示。台风"灿鸿"影响期间，大丰港站潮位预报过程与实测过程对比见图 7.2，大丰海域的最大风暴增水场见图 7.3。

7.1.3　2015 年海浪业务化预报

1. 2015 年台风浪过程预报

对 2015 年第 9 号台风"灿鸿"（Chan-hom）进行了预报检验，预报时间为 2015 年 7 月 6～16 日，采用每天的 24h 预报风场进行模型驱动（图 7.4）。

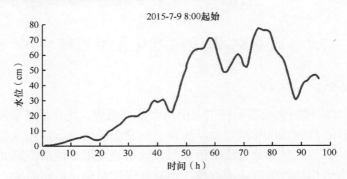

图 7.1　台风"灿鸿"影响期间大丰港站增水过程曲线

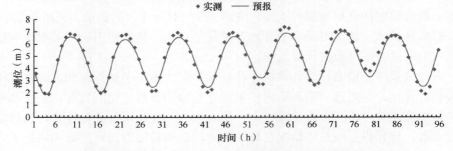

图 7.2　台风"灿鸿"影响期间大丰港站潮位预报过程与实测过程对比

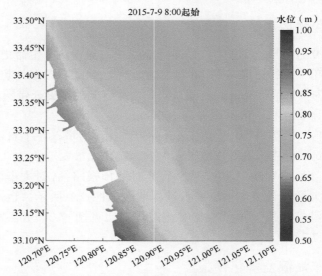

图 7.3　台风"灿鸿"影响期间大丰海域的最大风暴增水场

　　将模型计算得到的有效波高与 QF204 和 QF207 浮标的观测结果进行比较,如图 7.5 所示。可以看出,模拟有效波高与观测结果之间具有良好的一致性,有效波高大于 2m 时的模拟相对误差不超过 23%,标准误差不超过 1.1m。这说明,该海浪预报模型的预报结果具有较高的准确性,满足任务书的要求。不过,在有效波高达到峰值及之前的时段，模拟的有效波高存在偏大的现象。海浪预报模型也对研究海域内的各站点做了预报，详见图 7.6。

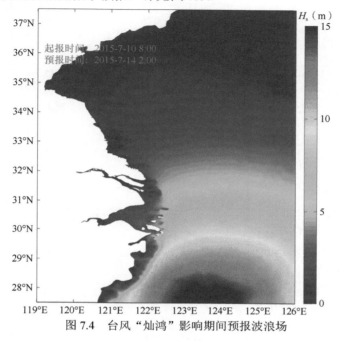

图 7.4　台风"灿鸿"影响期间预报波浪场

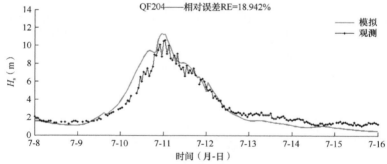

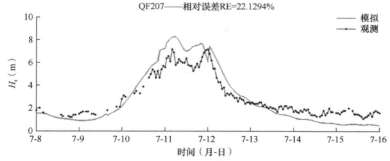

图 7.5　模拟有效波高与浮标观测结果的比较

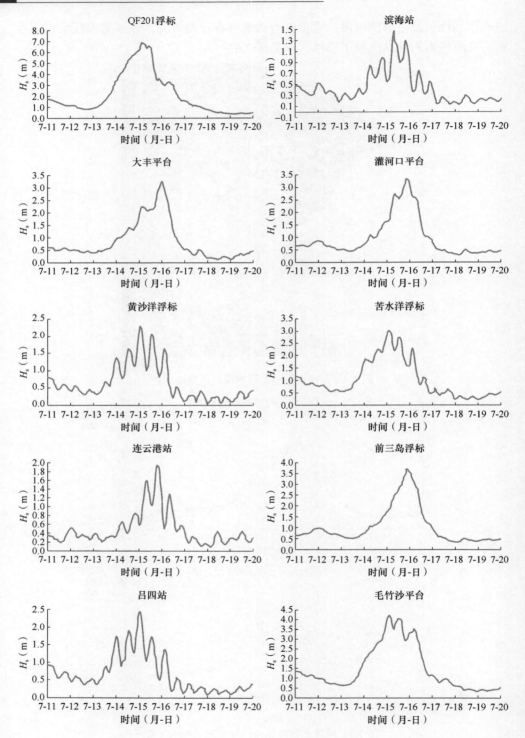

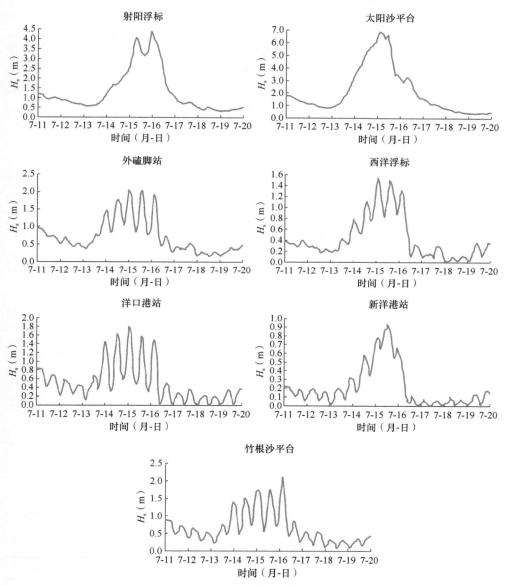

图 7.6 台风"灿鸿"影响期间沿海各站点预报有效波高

2. 2015 年冷空气浪过程预报

对 2015 年 11 月 23～27 日和 12 月 14～17 日的两次较强冷空气浪过程进行了预报检验，两次冷空气浪过程中，靠近江苏沿海的 QF201 浮标分别观测到有效波高为 3.8m 和 3.2m 的大浪。

（1）2015 年 11 月 23～27 日的冷空气浪过程

该冷空气浪过程对江苏沿海的影响时间为 2015 年 11 月 23～27 日，江苏沿海的 QF201 浮标观测到有效波高为 3.8m 的大浪。本次预报检验的模拟时间为 11 月 21～29 日，覆盖了整个冷空气浪过程。模拟有效波高与 QF201、QF207 浮标观测结果的比较见图 7.7。模拟有效波高与浮标观测结果之间的误差参数见表 7.1。

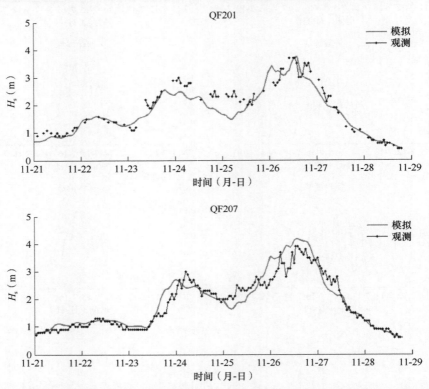

图 7.7 模拟有效波高与浮标观测结果的比较（2015 年 11 月 23～27 日的冷空气浪过程）

表 7.1 模拟误差情况（2015 年 11 月 23～27 日的冷空气浪过程）

浮标	参数	平均绝对误差（m）	平均相对误差（%）	标准误差（m）
QF201	H_s	0.3691	14.21	0.4327
QF207	H_s	0.3502	13.08	0.4192

从模拟有效波高与浮标观测结果的比较及误差参数可以看出，模拟有效波高与 QF201、QF207 浮标的观测结果之间具有良好的一致性，有效波高大于 2m 时的模拟相对误差不超过 15%，标准误差不超过 0.5m，对此次冷空气浪过程的预报模拟具有较高的准确性，满足实际业务的要求。

（2）2015 年 12 月 14～17 日的冷空气浪过程

该冷空气浪过程对江苏沿海的影响时间为 2015 年 12 月 14～17 日，江苏沿海的 QF201 浮标观测到有效波高为 3.2m 的大浪。本次预报检验的模拟时间为 12 月 12～21 日，覆盖了整个冷空气浪过程。模拟有效波高与 QF201、QF207 浮标观测结果的比较见图 7.8。模拟有效波高与浮标观测结果之间的误差参数见表 7.2。

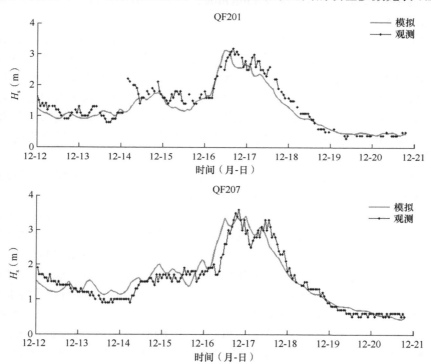

图 7.8 模拟有效波高与浮标观测结果的比较（2015 年 12 月 14～17 日的冷空气浪过程）

表 7.2 模拟误差情况（2015 年 12 月 14～17 日的冷空气浪过程）

浮标	参数	平均绝对误差（m）	平均相对误差（%）	标准误差（m）
QF201	H_s	0.3783	15.36	0.4463
QF207	H_s	0.3171	12.03	0.3928

从模拟有效波高与观测结果之间的比较及误差参数可以看出，模拟有效波高与 QF201、QF207 浮标的观测结果之间具有良好的一致性，有效波高大于 2m 时的模拟相对误差不超过 16%，标准误差不超过 0.5m，对此次冷空气浪过程的预报模拟具有较高的准确性，满足任务书的要求。

7.2 大丰港区风暴潮漫堤灾害损失评估

大丰港经济开发区位于江苏沿海中部，管辖面积为 $396km^2$，其中规划建设区面积为 $208km^2$。大丰港是江苏省委、省政府重点建设的江苏沿海三大深水海港之一，处于江苏省 1040km 海岸线的中心位置，距上海港 250n mile、连云港 120n mile、秦皇岛港 490n mile、日本长崎港 430n mile、韩国釜山港 420n mile，可经上海港、釜山港直达东南亚和欧美各大港口。

大丰港交通运输十分便捷，集疏运条件具备。大丰港与沿海高速、宁靖盐高速、徐淮盐高速、京沪高速、新长铁路、通榆运河相连，距盐城机场仅 45km，盐城机场已开通至北京、广州、温州、南昌等地的航线。即将建成通航的疏港四级航道，经通榆运河可直达长江水系。大丰港至大丰市区双向八车道的通港大道全面通车，快速公交系统（BRT）已正式营运；新长铁路大丰港支线已列入国家规划；大丰港 10 万 t 级深水航道项目已顺利列入国家《"十二五"综合交通运输体系规划》。

大丰港码头建设向专业化、规模化快速发展。大丰港一期工程 2 个万吨级码头于 2005 年建成通航，2007 年 9 月经国务院批准，开放大丰港一类口岸，2008年被列入国家首批对台直航的 63 个港口之一。现已开通大丰港至韩国仁川港、釜山港、平泽港、日本门司港、博多港，以及俄罗斯海参崴等的多条国际航线，与台湾基隆港实现直航。大丰港二期工程 6 个可靠泊 10 万吨级船舶的深水码头于2010 年 3 月正式投入营运，单船卸率达到国内先进水平，年吞吐能力达万吨，并实现海、河联运，为大丰港腹地需要的煤炭、矿石、木材、金属材料等各类物资，提供了极为经济和便捷的物流通道。2011 年，大丰港建成石化码头、大件码头，大丰港万吨级以上泊位达到 8 个，吞吐能力达 3000 万 t，完成货物吞吐量 1200万 t，同比增长 136%，实现海关关税 12 亿元。大丰港实现了由小型港口跃升为中型港口的历史跨越，成为华东地区十分重要的能源与化工集散地。

目前已有多家企业落户大丰港区，五星级半岛温泉酒店全面投入营运，南洋中学新校区、国际会议中心建成投入使用，海洋科技馆、港城新天地、日月湖东岸景观带、黄海明珠广场等也已建成对外开放。

按照江苏省委、省政府的要求，大丰港将建成江苏沿海开发的先行区和示范区。2012 年 3 月，由国家级盐城经济技术开发区与大丰市合作共建的盐城经济技术开发区大丰港产业园区正式成立，成为参与沿海开发的又一支新生力量。盐城经济技术开发区大丰港产业园区规划面积 $50km^2$，选址采取"一园两区"的模式：北区面积为 $24.8km^2$，其中启动区面积为 $6.5km^2$；南区面积为 $25.2km^2$（图 7.9）。

首先，就港区计算域内的经济社会情况进行了调查，包括港区计算域内重点单位的固定资产、农田面积、鱼塘面积等。其他信息资料较难收集，不列入资产价值统计中。大丰港淹没区域重点单位的情况见表 7.3，港区计算域内资产价值统计见表 7.4。

图 7.9 大丰港产业园区示意图

表 7.3 大丰港淹没区域重点单位的情况

序号	淹没区域重点单位	固定资产（万元）
1	江苏宏都新材料有限公司	10 478
2	盐城强盛海上风电设备有限公司	11 280
3	江苏华邦特钢有限公司	2 385
4	江苏泰昌不锈钢有限公司	22 056
5	盐城市联鑫钢铁有限公司	455 000
6	在水一方大酒店	105
7	盐城市东沙紫菜交易市场有限公司	881
8	大丰恒茂金属再生有限公司	5 770
9	江苏天隆铸锻有限公司	17 000
10	江苏渔禾岛紫菜种植有限公司	15 381
11	魔方娱乐会所	145
12	江苏象王港机重工有限公司	6 100
13	江苏大丰市源亨木业有限公司	2 000
14	大丰九鑫木业有限公司	2 561
15	江苏神州文化发展有限公司	6 500
16	江苏悦丰石化有限公司	4 368
17	黄金海湾	15 000
18	海景花园	19 550

续表

序号	淹没区域重点单位	固定资产（万元）
19	海润园	12 013
20	海泽园	9 808
21	盐城市大丰区港丰混凝土制品有限公司	1 937
22	江苏北大荒米业有限公司	4 618
23	盐城市大丰区经地水泥制品有限公司	2 379
24	盐城市大丰区鑫泰建材制品有限公司	825
25	中通瑞宁混凝土大丰有限公司	1 419
26	大丰港边防派出所	435
27	大丰港经济开发区管委会	20 571
28	盐城海瑞食品有限公司	2 500
	合计	653 065

在资产价值统计中，农业资产按 0.1 万元/亩进行统计，渔业资产按 0.8 万元/亩进行统计，工商业固定资产仅以重点单位进行统计（表 7.4）。

表 7.4 港区计算域内资产价值统计

资产类型	面积（km²）	资产价值（万元）	备注
农业资产	56.61	8 491	按 0.1 万元/亩
渔业资产	7.32	8 784	按 0.8 万元/亩
工商业资产	17.76	653 065	以重点单位进行统计
合计		670 340	

7.2.1 风暴潮漫堤直接经济损失计算

本项目参考其他相关省份的沿海地区风暴潮损失率，详见表 7.5。基础设施等其他财产的直接经济损失按农业资产、渔业资产和工商业资产三者损失之和的 19%计算。

表 7.5 沿海地区各类资产的直接损失率（%）

资产类型	不同淹没水深下的直接损失率			
	0.5m 以下	0.5～1.5m	1.5～2.5m	2.5m 以上
农业资产	90	100	100	100
渔业资产	100	100	100	100
工商业资产	15	20	30	40

根据大丰港区的漫堤情景计算，统计了不同淹没场景下、不同资产类型的直接经济损失，见表 7.6。

表 7.6 不同漫堤情景下大丰港区计算域内直接经济损失统计

设计情景	总淹没面积（km²）	农田淹没面积（km²）	农业资产损失（万元）	鱼塘淹没面积（km²）	渔业资产损失（万元）	工商业资产损失（万元）	基础设施等其他类资产损失（万元）
DFGX1-20	1.71	1.71	256.49	0.00	0.00	0.00	48.73
DFGX1-50	3.27	3.21	481.48	0.00	0.00	991.83	279.93
DFGX1-80	7.33	4.92	737.96	0.00	0.00	3 175.44	743.55
DFGX1-100	10.15	6.14	920.95	0.00	0.00	20 734.17	4 114.47
DFGX2-20	1.33	0.62	93.00	0.70	839.96	0.00	177.26
DFGX2-50	3.56	1.83	274.49	1.37	1 643.92	68 250.00	13 332.00
DFGX2-80	7.60	4.34	650.97	1.46	1 751.91	140 492.55	27 150.13
DFGX2-100	11.98	4.66	698.97	2.10	2 519.87	179 201.78	34 659.92

7.2.2 风暴潮漫堤灾害损失计算

上述损失为风暴潮漫堤情景下的直接经济损失，间接经济损失采用经验系数法估算，参考相关资料，一般间接损失系数可采用 30%，详见表 7.7。

表 7.7 不同漫堤情景下大丰港区计算域内总经济损失统计

设计情景	直接损失（万元）	间接损失（万元）	总损失（万元）
DFGX1-20	305.22	91.57	396.79
DFGX1-50	1 753.23	525.97	2 279.20
DFGX1-80	4 656.95	1 397.08	6 054.03
DFGX1-100	25 769.60	7 730.88	33 500.48
DFGX2-20	1 110.21	333.06	1 443.27
DFGX2-50	83 500.40	25 050.12	108 550.52
DFGX2-80	170 045.56	51 013.67	221 059.23
DFGX2-100	217 080.54	65 124.16	282 204.70

大丰港区 1 处在漫顶 20cm 的设计情景下，淹没损失共计 396.79 万元，在漫顶 100cm 的设计情景下，淹没损失共计 33 500.48 万元；大丰港区 2 处在漫顶 20cm 的设计情景下，淹没损失共计 1443.27 万元，在漫顶 100cm 的设计情景下，淹没损失共计 282 204.70 万元。

本节以大丰港区为例进行了风暴潮灾害损失评估的实证分析，结合区域调查和走访相关单位，明确了计算域内重点单位、农业和渔业分布，推求了资产价值；

根据不同资产类型，确定了相应的损失率，基于大丰港区各设计情景的计算成果，统计了不同淹没场景下、不同资产类型的直接经济损失，参考间接经济损失系数的估算方式，完成了各设计情景下的风暴潮漫堤灾害损失评估。

7.3 应用示范

7.3.1 大丰港区的应用示范

技术团队将所建立的风暴潮漫堤数值模型运用到大丰港区风暴潮漫堤灾害风险评估中，针对不同的漫堤情景对示范区域的经济损失进行了计算分析，并将成果运用到盐城市大丰区，进一步提升了当地海洋防灾减灾和应急响应保障能力。图 7.10 为应用证明。

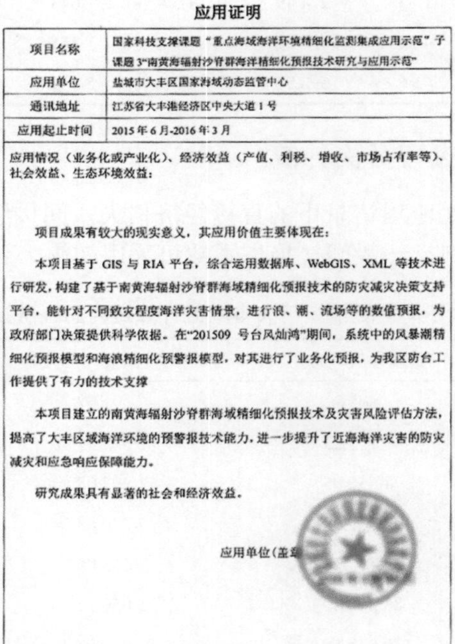

应用证明

项目名称	国家科技支撑课题“重点海域海洋环境精细化监测集成应用示范”子课题 3“南黄海辐射沙脊群海洋精细化预报技术研究与应用示范”
应用单位	盐城市大丰区国家海域动态监管中心
通讯地址	江苏省大丰港经济区中央大道 1 号
应用起止时间	2015 年 6 月-2016 年 3 月

应用情况（业务化或产业化）、经济效益（产值、利税、增收、市场占有率等）、社会效益、生态环境效益：

项目成果有较大的现实意义，其应用价值主要体现在：

本项目基于 GIS 与 RIA 平台，综合运用数据库、WebGIS、XML 等技术进行研发，构建了基于南黄海辐射沙脊群海域精细化预报技术的防灾减灾决策支持平台，能针对不同致灾程度海洋灾害情景，进行浪、潮、流场等的数值预报，为政府部门决策提供科学依据。在“201509 号台风灿鸿”期间，系统中的风暴潮精细化预报模型和海浪精细化预警报模型，对其进行了业务化预报，为我区防台工作提供了有力的技术支撑

本项目建立的南黄海辐射沙脊群海域精细化预报技术及灾害风险评估方法，提高了大丰区域海洋环境的预警报技术能力，进一步提升了近海海洋灾害的防灾减灾和应急响应保障能力。

研究成果具有显著的社会和经济效益。

应用单位（盖章）

图 7.10 课题研究成果应用证明

7.3.2 海洋预报的业务应用

通过技术团队所建立的风暴潮、海浪精细化预报系统，针对影响南黄海附近海域的 2015 年第 9 号台风“灿鸿”进行了业务化预报，并将预报成果运用到江苏省的海洋预报工作中，为江苏沿海三市海洋部门提供了及时准确的海洋灾害警报信息，继而为防台抗灾任务保驾护航。其中，2013～2015 年预报系统发布的江苏

省海洋环境灾害预报包括风暴潮 3 次、海浪 5 次（图 7.11）。

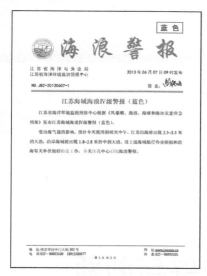

图 7.11　江苏省发布的海洋环境灾害预报

7.3.3　江苏省海洋灾害公报的应用

在研究项目实施期间（2013～2015 年），技术团队所收集到的海洋灾害信息已应用于江苏省每年的海洋灾害公报编写，为公报编写提供了大量的海洋灾害相关数据。

第8章

主要研究成果与创新

　　通过本书所述的研究工作，技术团队已了解并掌握了南黄海辐射沙脊群海域的特殊地形地貌特征，探索了复杂地形条件下的海洋水动力特征，并收集了辐射沙脊群海域的地形地貌、水动力、气象、历史灾害等数据和资料，利用卫星通信、移动通信等手段获取了观测平台、潮位站、浮标系统和海洋观测志愿船等实时观测资料，建立了该海域的基础信息数据库、海洋灾害数据库和实时海况数据库，在上述基础上建立了辐射沙脊群海域特殊地形地貌条件和水动力条件下的风暴潮、海浪精细化预报技术方法，最后通过 GIS 平台和 RIA 平台将建立的风暴潮、海浪数值预报模型成果快捷有效地展现出来，并展示了示范区风暴潮灾害影响的风险区划图。研究成果可以满足沿海海洋防灾减灾及应急管理、海岸带开发利用和经济发展的需求，最大限度地减少海洋灾害损失，提高对海洋灾害的应对能力和应急处置水平，合理防灾避灾，为相关管理部门做到科学指挥和决策、科学开发和利用海洋资源提供技术支撑。

　　现将本书论述的主要研究成果总结为如下五点。

　　1）利用数据库技术、GIS 技术、RIA 技术、.NET 技术首次建立了南黄海辐射沙脊群海域基础信息数据库、海洋灾害数据库和实时海况数据库，填补了江苏省海洋防灾减灾信息化的空白。在此基础上，进一步收集、整理研究区域的相关文献资料，开展辐射沙脊群海域海洋灾害统计分析和发生演变规律研究。

　　2）通过 ADCIRC 模型建立了南黄海辐射沙脊群海域的精细化风暴潮数值预报模型，模型采用非结构化三角形网格及并行计算技术，重点岸段的网格分辨率达到了 100m，准确地刻画出了辐射沙脊群海域复杂的地形和岸线情况，并分别对历史典型的台风风暴潮和温带风暴潮进行了模拟、预报检验。台风风暴潮的后报相对误差平均为 14.0%，温带风暴潮的 24h 预报相对误差平均为 12.9%，总体上满足预报相对误差的要求。

　　3）基于海浪-风暴潮耦合的 SWAN+ADCIRC 数值模型，综合考虑了水深、地形、潮位对近岸浪的影响，以及波浪的折射和绕射、浅水效应、波浪破碎、非线性波-波相互作用、底摩擦、近岸流等多种物理过程，采用非结构化网格技术、并行计算技术建立了南黄海辐射沙脊群海域的近岸浪精细化数值预报模型，该预报系统已经实现业务化运行，可以提供未来 72h 内的海浪有效波高、波向、周期等要素的预报产品，海浪有效波高大于 2m 的平均相对预报误差小于 22%，达到了业务要求指标。

　　4）基于东海风暴潮-天文潮耦合数值预报模型，构建了南黄海精细化风暴潮-天文潮耦合数值预报模型，根据该海域的历史台风特性，进行了假想台风设计，针对盐城市大丰区利用数值模型完成了大丰海域不同区域的极端潮位过程计算分析，结合研究区的海堤标准和海堤所在区域的极端潮位过程，分析了海堤漫顶的可能性，在此基础上，分别构建了大丰海域大尺度漫堤模型和大丰港区小尺度漫堤模型，设计了不同漫顶高度的情景集；采用二维水动力学模型模拟了各漫堤情景下的堤内淹没过程，获取了最大淹没范围和淹没深度；以大丰港区为例进行了风暴潮灾害损失评估的实证分析，结合区域调查和走访相关单位，明确了计算域内的重点单位、农业和渔业分布，推求了资产价值，根据不同资产类型，确定了相应的损失率，基于港区各设计情景的计算成果，统计了不同淹没场景下、不同资产类型的直接经济损失，参考间接经济损失系数的估算方式，完成了各设计情景下的风暴潮漫堤灾害损失评估。

5）基于.NET 技术和 B/S 的技术架构体系，利用 GIS 平台和 RIA 平台集成了南黄海风暴潮、海浪灾害预报系统和风暴潮漫堤灾害评估系统的成果，实现了风暴潮漫堤受险岸段的可视化预警功能、海浪场叠加台风路径走向的可视化动态显示和海洋灾害区划图展示等，系统集成了台风风暴潮、温带风暴潮、海浪数值预报多种模型的数值预报成果。

基于以上研究成果，本研究工作的创新点可总结为以下三点。

1）通过多源水深数据的融合和南黄海辐射沙脊群海域特殊海底地形的反演，建立了一套网格分辨率为 100m 的非结构化三角形网格，综合应用 SWAN 模型和 ADCIRC 模型开发了南黄海辐射沙脊群海域特殊地形、特殊水动力条件下的海浪、风暴潮数值预报系统。

2）针对南黄海辐射沙脊群海域的特点，构建了大尺度漫堤模型和小尺度漫堤模型，建立了不同设计情景下的南黄海辐射沙脊群海域风暴潮漫堤灾害评估系统，首次绘制了大丰海域海洋风险区划图。

3）集成风暴潮数值预报系统、海浪数值预报系统和风暴潮漫堤灾害评估系统的成果，开发了可实现任一站点潮位、海浪变化过程线展示，以及风暴增水、波浪场动态演示的南黄海辐射沙脊群海域防灾减灾决策支持平台。

参 考 文 献

陈冰. 2012. 苏北岸外辐射沙洲海域潮汐余流分析. 海洋地质前沿, 28(6): 5.

陈橙, 王义刚, 黄惠明, 等. 2013. 潮动力影响下辐射沙脊群的研究进展. 水运工程, (8): 17-24.

陈洁, 汤立群, 申锦瑜, 等. 2009. 台风气压场与风场研究进展. 海洋工程, 27(3): 136-142.

陈君, 张忍顺. 2003. 江苏岸外条子泥二分水滩脊的沉积特征. 海洋通报, 22(3): 8.

陈孔沫. 1994. 一种计算台风风场的方法. 热带海洋, (2): 41-48.

陈晓玲, 王腊春, 朱大奎. 1996. 苏北低地系统及其对海平面上升的复杂响应. 地理学报, 51(4): 340-349.

程宜杰. 2006. 渤海及黄海北部海域水文要素的基本特征. 中国科技信息, (17): 2.

程志强, 余灿花. 1994. 热带气旋气压场和风场的后报模式. 热带海洋, (3): 17-24.

冯士筰. 1982. 风暴潮导论. 北京: 科学出版社.

冯士筰. 1998. 风暴潮的研究进展. 世界科技研究与发展, (4): 44-47.

冯士筰, 李凤岐, 李少菁. 1999. 海洋科学导论. 北京: 高等教育出版社: 228-233.

冯有良, 高强, 王欣玲. 2012. 近岸黄海灾害性海浪预测及预防——基于方向和极值分布的预测. 中国渔业经济, 30(5): 6.

高敏钦. 2011. 南黄海辐射沙脊群冲淤变化研究. 南京大学硕士学位论文.

高桥浩一郎. 1939. 台风域内に於ける气压ひ风速の分布. 气象集志, 17(11): 417.

葛建忠. 2007. 风暴潮数值预报及可视化. 华东师范大学硕士学位论文.

郭洪琳. 2011. 瓯江口风暴潮漫滩数值预报研究. 国家海洋环境预报研究中心硕士学位论文.

郭云霞. 2020. 中国东南沿海区域台风及其风暴潮模拟与危险性分析. 中国科学院大学(中国科学院海洋研究所)博士学位论文.

海洋图集编委会. 1993. 渤海黄海东海海洋图集: 水文. 北京: 海洋出版社.

韩飞. 2017. 台风过程中风浪、风暴潮及漫滩数值模拟研究. 天津大学硕士学位论文.

韩雪, 黄祖英. 2015. 江苏主要海洋灾害特征及防灾减灾对策. 海洋开发与管理, (9): 75-77.

何小燕, 胡挺, 汪亚平. 2010. 江苏近岸海域水文气象要素的时空分布特征. 海洋科学, 34(9): 44-54.

黄立文, 邓健, 文元桥, 等. 2005. 中国近海中尺度海-气-浪耦合模式系统及台风耦合试验. 成都: 第六次全国动力气象学术会议.

黄易畅, 王文清. 1987. 江苏沿岸辐射状沙脊群的动力机制探讨. 海洋学报(中文版), (2): 75-81.

纪超. 2019. 波流耦合作用下三维泥沙输运和岸滩演变的数值模拟. 天津大学博士学位论文.

季子修, 蒋自巽, 朱季文, 等. 1994. 海平面上升对长江三角洲附近沿海潮滩与湿地的影响. 海洋与湖沼, 25(6): 69.

江苏省 908 专项办公室. 2012. 江苏近海海洋综合调查与评价总报告. 北京: 科学出版社.

江苏省气象局《江苏气候》编写组. 1991. 江苏气候. 北京: 气象出版社.

江苏省自然资源厅. 2020. 2019 年江苏省海洋灾害公报.

江苏省自然资源厅. 2021a. 2020 年江苏省海洋灾害公报.

江苏省自然资源厅. 2021b. 2020 年江苏省海洋经济统计公报.

李杰, 李岳. 1999. 海洋灾害. 北京: 知识出版社.

李孟国, 蒋德才. 1999. 关于波浪缓坡方程的研究. 海洋通报, (4): 70-92.

李孟国, 王正林, 蒋德才. 2002. 关于波浪 Boussinesq 方程的研究. 青岛海洋大学学报(自然科学版), (3): 345-354.

李培, 俞慕耕, 黄海仁, 等. 2002. 北太平洋气候若干特点分析. 海洋通报, 21(3): 8.

李硕, 陶爱峰, 吴迪, 等. 2015. 近 15 年中国海浪灾害特性分析. 舟山: 第十八届中国海洋(岸)工程学术讨论会.

廖丽恒, 周岱, 马晋, 等. 2014. 台风风场研究及其数值模拟. 上海交通大学学报, 48(11): 1541-1551, 1561.

林祥, 尹宝树, 侯一筠, 等. 2002. 辐射应力在黄河三角洲近岸波浪和潮汐风暴潮相互作用中的影响. 海洋与湖沼, (6): 615-621.

刘博. 2017. 辐射沙脊群研究综述. 中国水运(下半月), 17(7): 379-380.

刘金芳, 郝培章, 俞慕耕, 等. 2002. 东南沿海台风风暴潮特点及其变化规律. 海洋预报, 19(1): 81-88.

刘新, 唐洵昌, 邓华军. 2005. 江苏气候变化的特征、影响和防灾减灾的应对战略. 乌鲁木齐: 中国科协 2005 学术年会分会场——气候变化与气候变异、生态-环境演变及可持续发展科学研讨会.

吕祥翠. 2014. 基于 SWAN 模型的渤海波浪特性及水交换研究. 天津大学博士学位论文.

彭冀, 陶爱峰, 齐可仁, 等. 2013. 近十年中国海浪灾害特性分析. 大连: 第十六届中国海洋(岸)工程学术讨论会.

秦曾灏, 冯士筰. 1975. 浅海风暴潮动力机制的初步研究. 中国科学, (1): 64-78.

邱桔斐. 2005. 江苏沿海风、浪特征研究. 河海大学硕士学位论文.

沙文钰, 杨支中, 冯芒, 等. 2004. 风暴潮、浪数值预报. 北京: 海洋出版社.

盛立芳, 吴增茂. 1993. 一种新的台风海面风场的拟合方法. 热带气象学报, (3): 265-271.

施雅风. 1996. 中国气候与海面变化及其影响. 济南: 山东科技出版社: 359-429.

舒勰俊. 2009. 考虑非线性影响的风浪和近岸波浪变形及应用. 河海大学博士学位论文.

孙伟红. 2013. 江苏海岸滩涂资源分布与动态演变. 南京师范大学硕士学位论文.

孙湘平, 汤毓祥. 1993. 黄海海洋环境调查及其主要结果. 黄渤海海洋, 11(3): 8.

谭丽荣, 陈珂, 王军, 等. 2011. 近 20 年来沿海地区风暴潮灾害脆弱性评价. 地理科学, 31(9): 7.

汤毓祥, 邹娥梅, 李兴宰, 等. 2000. 南黄海环流的若干特征. 海洋学报(中文版), 22(1): 1-16.

汪亚平, 张忍顺. 1998. 论盐沼-潮沟系统的地貌动力响应. 科学通报, 43(21): 6.

王殿志, 张庆河, 时钟. 2004. 渤海湾风浪场的数值模拟. 海洋通报, (5): 10-17.

王喜年. 1986. 风暴潮数值模式计算中气压场和风场的处理. 海洋预报, (4): 56-64.

王喜年. 2001. 风暴潮预报知识讲座 第四讲 风暴潮预报技术(1). 海洋预报, (4): 63-69.

王喜年. 2002. 风暴潮预报知识讲座 第五讲 风暴潮预报技术(2). 海洋预报, 19(2): 64-70.

王喜年, 尹庆江, 张保明. 1991. 中国海台风风暴潮预报模式的研究与应用. 水科学进展, (1): 1-10.

王颖. 2002. 黄海陆架辐射沙脊群. 北京: 中国环境科学出版社.

徐亚男. 2012. 风暴潮与波浪耦合数值预报模型的研究. 天津大学博士学位论文.

许富祥. 1996. 中国近海及其邻近海域灾害性海浪的时空分布. 海洋学报, 18(2): 6.

杨桂山. 2000. 中国沿海风暴潮灾害的历史变化及未来趋向. 自然灾害学报, 9(3): 8.

杨华庭. 2002. 近十年来的海洋灾害与减灾. 海洋预报, (1): 2-8.

杨静思. 2012. 波流实时耦合模式的建立及应用. 天津大学硕士学位论文.

杨耀中, 孔得雨, 葛黎丽. 2013. 南黄海辐射沙脊群研究进展. 科技资讯, (12): 2.

杨长恕. 1985. 弶港辐射沙脊成因探讨. 海洋地质与第四纪地质, (3): 37-46.

叶涛, 郭卫平, 史培军. 2005. 1990 年以来中国海洋灾害系统风险特征分析及其综合风险管理. 自然灾害学报, (6): 6.

袁业立, 郭炳火, 孙湘平. 1993. 泛黄海海区的物理海洋特征. 黄渤海海洋, (3): 1-6.

臧重清. 1977. 气象研究所研究报告.

张长宽. 2013. 江苏省近海海洋环境资源基本现状. 北京: 海洋出版社.

张长宽, 张东生. 1997. 黄海辐射沙洲波浪折射数学模型. 河海大学学报: 自然科学版, 25(4): 1-7.

张东生, 张君伦, 张长宽, 等. 1998. 潮流塑造-风暴破坏-潮流恢复——试释黄海海底辐射沙脊群形成演变的动力机制. 中国科学: D 辑, 28(5): 9.

张家诚, 周魁一, 杨华庭, 等. 1998. 中国气象洪涝海洋灾害. 长沙: 湖南人民出版社.

张忍顺, 王雪瑜. 1991. 江苏省淤泥质海岸潮沟系统. 地理学报, (2): 195-206.

张忍顺, 王艳红, 吴德安, 等. 2003. 江苏岸外辐射沙洲区沙岛形成过程的初步研究. 海洋通报, 22(4): 7.

郑立松. 2010. 风暴潮—天文潮—波浪耦合模型及其在杭州湾的应用. 清华大学博士学位论文.

中国科学院. 1988. 江苏省海岸带自然资源地图集. 北京: 科学出版社.

朱瑞, 张东, 顾云娟, 等. 2012. "数字辐射沙脊群"资源与环境信息管理平台设计和关键技术. 海洋通报, 31(2): 168-175.

自然资源部. 2021. 2020 年中国海洋灾害公报.

邹娥梅, 郭炳火, 汤毓祥, 等. 2001. 南黄海及东海北部夏季若干水文特征和环流的分析. 海洋与湖沼, (3): 340-348.

Alves J H G M, Banner M L. 2003. Performance of a saturation-based dissipation-rate source term in modeling the fetch-limited evolution of wind waves. Journal of Physical Oceanography, 33(6): 1274-1298.

Bacopoulos P, Dally W R, Hagen S C, et al. 2012. Observations and simulation of winds, surge, and currents on Florida's east coast during hurricane Jeanne (2004). Coastal Engineering, 60: 84-94.

Bayram A, Larson M. 2000. Wave transformation in the nearshore zone: Comparison between a Boussinesq model and field data. Coastal Engineering, 39(2-4): 149-171.

Bellotti G, Gianm B, Paolo D G. 2003. Internal generation of waves in 2D fully elliptic mild-slope equation FEM models. Coastal Engineering, 49(1-2): 71-81.

Blain C A, Westerink J J, Luettich J R A, et al. 1994. ADCIRC: An advanced three-dimensional circulation model for shelves, coasts, and estuaries. Report 4. Hurricane storm surge modeling using large domains. Technical Report DRP-92-6.

Blumberg A F. 1994. A primer for ECOM-si. Technical Report of HydroQual, Mahwah, N. J.

Blumberg A F, Mellor G L. 1987. A description of a three-dimensional coastal ocean circulation model//Heaps N S. Three-Dimensional Coastal Ocean Models. Washington, D. C. : American Geophysical Union.

Booij N, Holthuijsen L H, Ris R C. 1996. The "SWAN" wave model for shallow water. Coastal Engineering, 1: 668-676.

Casulli V, Zanolli P. 2002. Semi-implicit numerical modeling of non-hydrostatic free-surface flows. Mathematical and Computer Modeling, 36(9-10): 1131-1149.

Chen C, Liu H, Beardsley R C. 2003. An unstructured grid, finite-volume, three-dimensional, primitive equations ocean model: Application to coastal ocean and estuaries. Journal of Atmospheric and Oceanic Technology, 20(1): 159-186.

Chen S, Price J F, Zhao W, et al. 2007. The CBLAST-Hurricane program and the next-generation fully coupled atmosphere-wave-ocean models for hurricane research and prediction. Bulletin of the American Meteorological Society, 88(3): 311-318.

Choi D Y, Wu C H. 2006. A new efficient 3D non-hydrostatic free-surface flow model for simulating water wave motions. Ocean Engineering, 33(5-6): 587-609.

Choi H, Lee H J, Kim G. 2019. Damage analysis of typhoon surge flood in coastal urban areas using GIS and ADCIRC. Journal of Coastal Research, 91(sp1): 381-385.

Cobb M, Blain C A. 2002. Simulating wave-tide induced circulation in Bay St. Louis, MS with a coupled hydrodynamic-wave model. OCEANS'02 MTS/IEEE, 3: 1494-1500.

Collins J. 1972. Longshore currents and wave statistics in the surf zone. Office of Naval Research: Arlington.

Demirbilek Z, Lin L, Bass G P. 2005. Prediction of storm-induced high water levels in Chesapeake Bay. Solutions to Coastal Disasters: 187-201.

Dietrich J C, Zijlema M, Westerink J J, et al. 2011. Modeling hurricane waves and storm surge using integrally-coupled, scalable computations. Coastal Engineering, 58(1): 45-65.

Dietsche D, Hagen S C, Bacopoulos P. 2007. Storm surge simulations for hurricane Hugo (1989): On the significance of inundation areas. Journal of Waterway, Port, Coastal, and Ocean Engineering, 133(3): 183-191.

Edge B L, Aggarwal M, Maske C. 2005. Hurricane Surge at Johnson Space Center. Solutions to Coastal Disasters: 61-73.

Eldeberky Y. 1996. Nonlinear transformation of wave spectra in the nearshore zone. Oceanographic Literature Review, 4(44):297.

Fei X, Wang Y, Wang H. 2012. Tidal hydrodynamics and fine-grained sediment transport on the radial sand ridge system in the southern Yellow Sea. Marine Geology, 291-294: 192-210.

Feng X, Yin B, Yang D. 2012. Effect of hurricane paths on storm surge response at Tianjin, China. Estuarine, Coastal and Shelf Science, 106: 58-68.

Feng X, Yin B, Yang D. 2016. Development of an unstructured-grid wave-current coupled model and its application. Ocean Modelling, 104: 213-225.

Fritz H M, Blount C D, Albusaidi F B, et al. 2010. Cyclone Gonu storm surge in Oman. Estuarine, Coastal and Shelf Science, 86(1): 102-106.

Fuhrman D, Madsen P A. 2008. Simulation of nonlinear wave run-up with a high-order Boussinesq model. Coastal Engineering, 55: 139-154.

Fujita T T. 1952. Pressure distribution within typhoon. Geophysical Magazine, 23: 437-451.

Group T W. 1988. The WAM model—A third generation ocean wave prediction model. Journal of Physical Oceanography, 18(12): 1775-1810.

Hansen W. 1956. Theorie zur Errechnung des Wasserstandes und der Strömungen in Randmeeren nebst Anwendungen. Tellus, 8(3): 287-300.

Hasselmann K. 1973. Measurements of wind-wave growth and swell decay during the Joint North Sea Wave Project (JONSWAP). Dtsch. Hydrogr. Z8.

Hasselmann K, Raney R, Plant W, et al. 1985. Theory of synthetic aperture radar ocean imaging: A MARSEN view. Journal of Geophysical Research Oceans, 90(C3): 4659-4686.

Heaps N S. 2009. Storm surges, 1967–1982. Geophysical Journal of the Royal Astronomical Society, 74: 331-376.

Heaps N S, Proudman J. 1969. A two-dimensional numerical sea model. Philosophical Transactions of the Royal Society of London. Series A, Mathematical and Physical Sciences, 265(1160): 93-137.

Holland G J. 1980. An analytic model of the wind and pressure profiles in hurricanes. Monthly Weather Review, 108: 1212-1218.

Jelesnianski C P. 1965. A numerical computation of storm tides by a tropical storm impinging on a continental shelf. Monthly Weather Review, 93(6): 643-358.

Jelesnianski C P. 1972. SPLASH: (Special Program to List Amplitudes of Surges from Hurricanes). I: Landfall storms.

Jelesnianski C P, Chen J, Shaffer W A. 1992. SLOSH: Sea, Lake, and Overland Surges from Hurricanes. NOAA Technical Report NWS 48.

Jin H, Zou Z L. 2008. Hyperbolic mild slope equations with inclusion of amplitude dispersion effect: Regular waves.

China Ocean Engineering, 22(3): 431-444.

Khellaf M C, Bouhadef M. 2004. Modified mild slope equation and open boundary conditions. Ocean Engineering, 31(13): 1713-1723.

Kim S Y, Yasuda T, Mase H. 2008. Numerical analysis of effects of tidal variations on storm surges and waves. Applied Ocean Research, 30(4): 311-322.

Kivisild H R. 1954. Wind effect on shallow bodies of water with special reference to Lake Okeechobee. Stockholm: Lindståhl.

Kolar R, Gray W, Westerink J. 1996. Boundary conditions in shallow water models: An alternative implementation for finite element codes. International Journal for Numerical Methods in Fluids, 22: 603-618.

Komen G, Hasselmann K, Hasselmann K. 1984. On the existence of a fully developed wind-sea spectrum. Journal of Physical Oceanography, 14(8): 1271-1285.

Li S, Li C Y, Shi Z, et al. 2005. An improved nearshore wave breaking model based on the fully nonlinear Boussinesq equations. China Ocean Engineering, 19(1): 61-71.

Liu F S, Wang X N. 1989. A review of storm-surge research in China. Natural Hazards, 2(1): 17-29.

Luettich J R A, Westerink J J, Scheffner N W. 1992. ADCIRC: An advanced three-dimensional circulation model for shelves, coasts, and estuaries. Report 1: Theory and methodology of ADCIRC-2DDI and ADCIRC-3DL. Dredging Research Program Tech. Rep. DRP-92-6.

Maa J P Y, Hsu T W, Lee D Y. 2002. The RIDE model: An enhanced computer program for wave transformation. Ocean Engineering, 29: 1441-1458.

Madsen J, Adams M. 1988. The seasonal biomass and productivity of the submerged macrophytes in a polluted wisconsin stream. Freshwater Biology, 20(1): 41-50.

Miller B I. 1967. Characteristics of Hurricanes: Analyses and calculations made from measurements by aircraft result in a fairly complete description. Science, 157: 1389-1399.

Miyazaki M, Ueno T, Unoki S. 1962. Theoretical investigations of typhoon surges along the Japanese coast (II). Oceanogr. Mag. , 13(2): 103-118.

Myers V A. 1957. Maximum hurricane winds. Bull. Amer. Metero. Sco. , 38(4): 227-228.

Niu Q, Xia M. 2017. The role of wave-current interaction in Lake Erie's seasonal and episodic dynamics. Journal of Geophysical Research: Oceans, 122(9): 7291-7311.

Phillips D. 1977. The use of biological indicator organisms to monitor trace metal pollution in marine and estuarine environments—a review. Environmental Pollution, 13(4): 281-317.

Prandle D, Wolf J. 1978a. Surge-tide interaction in the southern North Sea. Elsevier Oceanography Series, 23: 161-185.

Prandle D, Wolf J. 1978b. The interaction of surge and tide in the North Sea and River Thames. Geophysical Journal of the Royal Astronomical Society, 55(1): 203-216.

Qi J, Chen C, Beardsley R C, et al. 2009. An unstructured-grid finite-volume surface wave model (FVCOM-SWAVE): Implementation, validations and applications. Ocean Modelling, 28(1): 153-166.

Rossiter J R. 1961. Interaction between tide and surge in the Thames. Geophysical Journal International, 6(1): 29-53.

Rossiter J R, Lennon G W. 1968. An intensive analysis of shallow water tides. Geophysical Journal of the Royal Astronomical Society, 16(3): 275-293.

Ruessink B G, Miles J R, Feddersen F, et al. 2001. Modeling the alongshore current on barred beaches. Journal of Geophysical Research: Oceans, 106(C10): 22451-22463.

Shchepetkin A F, Mcwilliams J C. 2005. The regional oceanic modeling system (ROMS): A split-explicit, free-surface, topography-following-coordinate oceanic model. Ocean Modelling, 9(4): 347-404.

Sheng Y P, Liu T. 2011. Three-dimensional simulation of wave-induced circulation: Comparison of three radiation stress formulations. Journal of Geophysical Research: Oceans, 116(C5): C05021.

Song Z Y, Zhang H G, Kong J, et al. 2007. A time-dependent numerical model of the mild-slope equation. Acta Oceanologica Sinica, 26(2): 106-114.

Stelling G S, Leendertse J J. 1992. Approximation of convective processes by cyclic AOI methods. ASCE: 771-782.

Tolman H L. 1991. Effects of tides and storm surges on North Sea wind waves. Journal of Physical Oceanography, 21(6): 766-781.

Ueno T. 1964. Non-linear numerical studies on tides and surges in the central part of Seto Inland Sea. Kyoto: Kyoto University.

van der Westhuysen A J, Zijlema M, Battjies J A. 2007. Nonlinear saturation-based white capping dissipation in SWAN for deep and shallow water. Coastal Engineering, 54(2): 151-170.

van Rijn L C, Wijnberg K M. 1996. One-dimensional modelling of individual waves and wave-induced longshore currents in the surf zone. Coastal Engineering, 28(1): 121-145.

Warner J C, Sherwood C R, Signell R P, et al. 2008. Development of a three-dimensional, regional, coupled wave, current, and sediment-transport model. Computers & Geosciences, 34(10): 1284-1306.

Watson C C, Johnson M E. 1999. Design, implementation and operation of a modular integrated tropical cyclone hazard model. Proceedings of the 23rd Conference on Hurricanes and Tropical Meteorology: 10-15.

Westerink J, Luettich J R A, Blain C A, et al. 1994. ADCIRC: An advanced three-dimensional circulation model for shelves, coasts, and estuaries. Report 2: User's Manual for ADCIRC-2DDI. Technical Report DRP-92-6.

Westerink J, Luettich J R A, Scheffner N. 1993. ADCIRC: An advanced three-dimensional circulation model for shelves, coasts, and estuaries. Report 3: Development of a tidal constituent database for the western north Atlantic and Gulf of Mexico. Technical Report DRP-92-6.

Willoughby H, Rahn M. 2004. Parametric representation of the primary hurricane vortex. Part I: Observations and evaluation of the Holland (1980) model. Monthly Weather Review, 132(12): 3033-3048.

Winer H, Naomi A. 2005. The advanced circulation model? A hurricane protection design tool. Solutions to Coastal Disasters: 146-154.

Wolf J. 1978. Interaction of tide and surge in a semi-infinite uniform channel, with application to surge propagation down the east coast of Britain. Applied Mathematical Modelling, 2(4): 245-253.

Wolf J. 1981. Surge-tide interaction in the North Sea and River Thames. Floods Due to High Winds and Tides: 75-94.

Wu C, Yuan H L. 2007. Efficient non-hydrostatic modeling of surface waves interacting with structures. Applied Mathematical Modelling, 31(4): 687-699.

Xie M X. 2012. Three-dimensional numerical modelling of the wave-induced rip currents under irregular bathymetry. Journal of Hydrodynamics, 24(6): 864-872.

Xu F M, Perrie W, Zhang J L, et al. 2005. Simulation of typhoon-driven waves in the Yangtze Estuary with multiple-nested wave models. China Ocean Engineering, 19(4): 613-624.

Yu J X, Zhang W, Wang G D, et al. 2004. Boussinesq equation based model for nearshore wave breaking. China Ocean Engineering, 18(2): 315-320.

Zhang R. 1995. Equilibrium state of tidal mud flat, a case: Coastal area of central Jiangsu, China. Chinese Science

Bulletin, (16): 6.

Zhao L, Li T C. 2006. Fractional-step finite element method for calculation of 3-D free surface problem using level set method. Journal of Hydrodynamics(Series B), 18(6): 742-747.

Zheng J, Mase H, Li T F. 2008. Modeling of random wave transformation with strong wave-induced coastal currents. Water Science and Engineering, 1(1): 18-26.

Zheng P, Li M, van der A D A, et al. 2017. A 3D unstructured grid nearshore hydrodynamic model based on the vortex force formalism. Ocean Modelling, 116: 48-69.